问水～
water
您 身 边 的 水 知 识

主　编：郝未宁

副主编：章　婕　闫平善　张　媚　苗维刚　武　婷

编　委：刘金鹏　董飞天　李雅坤　王怡然　张帅帅

　　　　王晓叶　张　莉　沈小宁　张淑敏　李相颖

　　　　张　宁　魏　岚　王成梁

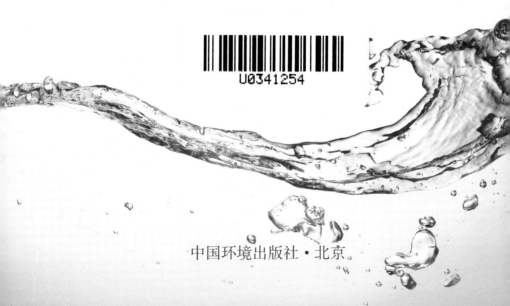

U0341254

中国环境出版社·北京

图书在版编目（CIP）数据

问水：您身边的水知识 / 郝未宁主编 . —北京：
中国环境出版社，2017.3
ISBN 978-7-5111-3091-4

Ⅰ．①问… Ⅱ．①郝… Ⅲ．①水资源—概况—天津
Ⅳ．①TV211

中国版本图书馆 CIP 数据核字（2017）第 031672 号

出 版 人	王新程
策划编辑	殷玉婷
责任编辑	刘　焱
责任校对	尹　芳
封面设计	金　喆

出版发行	中国环境出版社
	（100062 北京市东城区广渠门内大街 16 号）
	网　　址：http://www.cesp.com.cn
	电子邮箱：bjgl@cesp.com.cn
	联系电话：010-67112765（编辑管理部）
	发行热线：010-67125803，010-67113405（传真）
印　　刷	北京盛通印刷股份有限公司
经　　销	各地新华书店
版　　次	2017 年 3 月第 1 版
印　　次	2017 年 3 月第 1 次印刷
开　　本	880×1230　1/32
印　　张	3.5
字　　数	100 千字
定　　价	30.00 元

编者的话

天津位于九河下梢，因水而立，依水而兴，但今天却成为了一个资源型缺水城市，人均水资源占有量仅为全国人均占有量的 1/15，水资源极其匮乏。为了保护珍贵的水资源，严格防治水污染，亟须加强立法予以保障和规范，同时加强公众教育，建设资源节约型、环境友好型社会。

2016 年 1 月 29 日，天津市十六届人大四次会议审议通过了《天津市水污染防治条例》(以下简称《条例》)，并于 3 月 1 日起正式施行。《条例》的出台对改善和提高天津水环境质量，深入推进"美丽天津·一号工程"清水河道行动，实现京津冀流域性水污染联防联控等，都具有重要意义。

《条例》实施一年来，在市委、市政府领导下，在全市人民的共同努力下，天津不断加大水污染防治执法力度，并开展了一系列以节水护水为主题的环保宣传教育活动，营造了良好舆论氛围，全市水污染防治和节水护水工作取得了新的成效。

今年的 3 月 22 日是第二十四个"世界水日"，又适逢《条例》实施一周年，值此之际，我们组织编写了《问水——您身边的水知识》读本。读本包括关于水、天津之水、节水护水、天津在行动、附录五个篇章，旨在向广大公众宣传水科普知识，传递节水、爱水、护水理念，倡导科学饮水、节约用水、保护水资源。

由于时间紧促，编者水平所限，不足之处在所难免，敬请广大读者批评指正，以利于我们今后不断予以完善，在此，也向对本书编写给予热心支持以及付出努力的各方人员表示衷心的感谢！

编　者

2017 年 1 月 9 日

目　录

四、天津在行动

附　录

一、关于水

（一）水是什么

　　水（化学式：H_2O）是由氢、氧两种元素组成的无机物，无毒。在常温常压下为无色无味的透明液体，被称为人类生命的源泉。水，包括天然水（河流、湖泊、大气水、海水、地下水等，含杂质），蒸馏水是纯净水，人工制水（通过化学反应使氢氧原子结合得到的水）。水是地球上最常见的物质之一，是包括无机化合、人类在内所有生命生存的重要资源，也是生物体最重要的组成部分。水在生命演化中起到了重要作用。它是一种狭义不可再生，广义可再生资源。

　　纯净水可以导电，但十分微弱（导电性在日常生活中可以忽略），属于极弱的电解质。日常生活中的水由于溶解了其他电解质而有较多的正负离子，导电性增强。

概述

地球是太阳系八大行星之中唯一被液态水所覆盖的星球。

地球上水的起源在学术界上存在很大的分歧，目前有几十种不同的水形成学说。有些观点认为在地球形成初期，原始大气中的氢、氧化合成水，水蒸气逐步凝结下来并形成海洋；也有观点认为，形成地球的星云物质中原先就存在水的成分。

另一种观点认为，原始地壳中硅酸盐等物质受火山影响而发生反应、析出水分。也有观点认为，被地球吸引的彗星和陨石是地球上水的主要来源，甚至地球上的水还在不停增加。

当我们打开世界地图，或者当我们转动地球仪时，呈现在面前的大部分面积都是祥和的蓝色。从太空中看地球，我们居住的地球是很圆的，因为地球的赤道半径仅比两极半径长0.33%。地球是极为秀丽的蔚蓝色球体。水是地球表面数量最多的天然物质，它覆盖了地球71%以上的表面。地球是一个名副其实的大"水球"。

观点

关于地球上水的来源，目前主要有自生说与外生说两派观点。

1. 自生说

（1）地球从原始星云凝聚成行星后，由于内部温度变化和重力作用，物质发生分异和对流，于是地球逐渐分化出圈层，在分化过程中，氢、氧气体上浮到地表，再通过各种物理及化学作用生成水。

（2）水是在玄武岩先熔化后冷却形成原始地壳的时候产生的。最初地球是一个冰冷的球体。此后，由于存在地球内部的铀、钍等放射性元素开始衰变，释放出热能。因此地球内部的物质也开始熔化，高熔点的物质下沉，易熔化的物质上升，从中分离出易挥发的物质：氮、氧、碳水化合物、硫和大量水蒸气，试验证明当 $1m^3$ 花岗岩熔化时，可以释放出 26L 的水和许多完全可挥发的化合物。

（3）地下深处的岩浆中含有丰富的水，实验证明，压力为 15 kPa，温度为 10 000℃的岩浆，可以溶解 30% 的水。火山口处的岩浆平均含水 6%，有的可达 12%，而且越往地球深处含水量越高。据此，有人根据地球深处岩浆的数量推测在地球存在的 45 亿年内，深部岩浆释放的水量可达现代全球大洋水的一半。

（4）火山喷发释放出大量的水。从现代火山活动情况看，几乎每次火山喷发都有约 75% 以上的水汽会喷出。1906 年维苏威火山喷发的纯水蒸气柱高达 13 000m，一直喷发了 20h。

阿拉斯加卡特迈火山区的万烟谷,有成千上万个天然水蒸气喷出孔,平均每秒种可喷出97 ~ 645 ℃的水蒸气和热水约23 000m³。据此有人认为,在地球的全部历史中,火山抛出来的固体物质总量为全部岩石圈的一半,火山喷出的水也可占现代全球大洋水的一半。

（5）地球内部矿物脱水分解出部分水,或者释放出的一氧化碳、二氧化碳等气体,在高温下与氢作用生成水。此外,碳氢化合物燃烧也可以生成水,在坚硬的火成岩中,也有一定数量的结晶水和原始水的包裹体。

2. 外生说

（1）人们在研究球粒陨石成分时，发现其中含有一定量的水，一般为 0.5% ~ 5%，有的高达 10% 以上，而碳质球粒陨石含水更多。球粒陨石是太阳系中最常见的一种陨石，大约占所有陨石总数的 86%。一般认为，球粒陨石是原始太阳最早期的凝结物，地球和太阳系的其他行星都是由这些球粒陨石凝聚而成的。

（2）太阳风到达地球大气圈上层，带来大量的氢核、碳核、氧核等原子核，这些原子核与大气圈中的电子结合成氢原子、碳原子、氧原子等。再通过不同的化学反应变成水分子，据估计，在地球大气的高层，每年几乎产生 1.5 t 这种"宇宙水"。然后，这种水以雨、雪的形式落到地球上。

（3）美国国家航空航天局的彗星探测器"深度撞击号"在 2005 年 1 月 13 日发射撞击器撞击了坦普尔 1 号彗星的彗核，科学家在溅起的物质中发现了冰。2 亿~3 亿年前，由于木星与土星两颗气态巨行星在它们的两星连珠时产生了巨大引力，奥尔特云中的彗星被拉进了内太阳系中，地球也曾受到彗星的撞击，研究表明，大部分彗星是由宇宙尘埃、气体、冰组成的，谷神星这一颗彗星中含有的水分比地球上所有的水还要多，彗星穿过大气层时会融化为水，以雨、雪等形式落到地面上。

三态变化

众所周知，水一般有三种形态，分别为：固态、液态、气态。

但是水其实不止三种形态，还有：超临界流体、超固体、超流体、费米子凝聚态、等离子态、玻色-爱因斯坦凝聚态等。

（二）水资源

根据世界气象组织（WMO）和联合国教科文组织（UNESCO）的"International Glossary of Hydrology"（《国际水文学名词术语》（第三版），2012）中有关水资源的定义，水资源是指可资利用或有可能被利用的水源，这个水源应具有足够的数量和合适的质量；并满足某一地方在一段时间内具体利用的需求。

水之星球

水是地球上最丰富的一种化合物。虽然，全球约有 3/4 的面积覆盖着水，水总体积约有 13.86 亿 km^3，但其中 96.5% 分布在海洋，淡水只有 3 500 万 km^3 左右。若扣除无法取用的冰川和高山顶上的冰冠，以及分布在盐碱湖和内海的水量，陆地上淡水湖和河流的水量不到地球总水量的 1%，所以，地球虽然是个"水球"，但可供人类直接利用的水极少。

在地球上，天然水资源包括河川径流、地下水、积雪和冰川、湖泊水、沼泽水、海水。按水质划分为淡水和咸水。随着科学技术的发展，被人类所利用的水增多，例如海水淡化、人工催化降水、南极大陆冰的利用等。由于气候条件变化，各种水资源的时空分布不均，天然水资源量不等于可利用水量，往往采用修筑水库和地下水库来调蓄水源，或采用回收和处理的办法利用工业和生活污水，扩大水资源的利用。与其他自然资源不同，水资源是可再生的资源，可以重复多次使用；并出现年内和年际量的变化，具有一定的周期和规律；储存形式和运动过程受自然地理因素和人类活动所影响。

生命之源

水不仅是构成生命体的主要成分，而且还有许多生理作用。

水的溶解力很强，许多物质都能溶于水，并解离为离子状态，发挥重要的作用。不溶于水的蛋白质和脂肪可悬浮在水中形成胶体或乳液，便于消化、吸收和利用；水在人体内直接参加氧化还原反应，促进各种生理活动和生化反应的进行；没有水就无法维持血液循环、呼吸、消化、吸收、分泌、排泄等生理活动，体内新陈代谢也无法进行；水的比热大，可以调节体温，保持恒定。当外界温度高或体内产热多时，水的蒸发及出汗可帮助散热。天气冷时，由于水储备热量的潜力很大，人体不致因外界寒冷而使体温降低。水的流动性大，一方面可以运送氧气、营养物质、激素等，另一方面又可通过大便、小便、出汗把代谢产物及有毒物质排泄掉。水还是体内自备的润滑剂，如皮肤的滋润及眼泪、唾液，关节囊和浆膜腔液都是相应器官的润滑剂。

成人体液是由水、电解质、低分子有机化合物和蛋白质等组成，广泛分布在组织细胞内外，构成人体的内环境。其中细胞内液约占体重的 40%，细胞外液占 20%（其中血浆占 5%，组织间液占 15%）。水是机体物质代谢必不可少的物质，细胞必须从组织间液摄取营养，而营养物质溶于水才能被充分吸收，物质代谢的中间产物和最终产物也必须通过组织间液运送和排除。

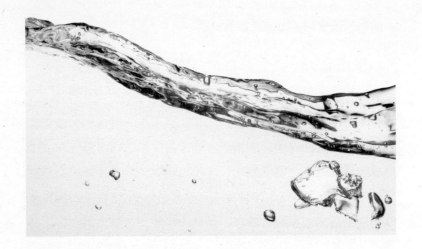

（三）淡水来源

地表水

地表水是指河流、湖、沼泽、冰川、冰盖等。地表水由经年累月自然的降水累积而成，并且通过地表径流汇入海洋或者是经由蒸发消逝，以及渗流至地下。

虽然任何地表水系统的自然水来源仅来自于该集水区的降水，但仍有其他许多因素影响此系统中的总水量多寡。这些因素包括湖泊、湿地、水库的蓄水量，土壤的渗流性，此集水区中地表径流之特性。人类活动对这些特性有着重大的影响。人类为了增加存水量而兴建水库，为了减少存水量而放光湿地的水分。人类的开垦活动以及兴建沟渠则改变径流的水量与强度。

地下水

地下水（ground water），是指赋存于地面以下岩石空隙中的水，狭义上是指地下水面以下饱和含水层中的水。在国家标准《水文地质术语》（GB/T 14157—93）中，地下水是指埋藏在地表以下各种形式的重力水。

国外学者认为地下水的定义有三种：一是指与地表水有显著区别的所有埋藏在地下的水，特指含水层中饱水带的那部分水；二是向下流动或渗透，使土壤和岩石饱和，并补给泉和井的水；三是在地下的岩石空洞里、组成地壳物质的空隙中储存的水。

地下水是水资源的重要组成部分，由于水量稳定，水质好，是农业灌溉、工矿和城市的重要水源之一。但在一定条件下，地下水的变化也会引起沼泽化、盐渍化、滑坡、地面沉降等不利自然现象。

海水淡化

海水淡化即利用海水脱盐生产淡水。是实现水资源利用的开源增量技术，可以增加淡水总量，且不受时空和气候影响，可以保障沿海居民饮用水和工业锅炉补水等稳定供水。

从海水中取得淡水的过程谓之海水淡化。现在所用的海水淡化方法有海水冻结法、电渗析法、蒸馏法、反渗透法以及

碳酸铵离子交换法，目前应用反渗透膜法及蒸馏法是市场中的主流。

世界上有十多个国家的 100 多个科研机构在进行着海水淡化的研究，有数百种不同结构和不同容量的海水淡化设施在工作。一座现代化的大型海水淡化厂，每天可以生产几千吨、几万吨甚至近百万吨淡水。水的成本在不断地降低，有些国家已经降低到和自来水的价格差不多。某些地区的淡化水量达到了国家和城市的供水规模。

我国已建和即将建成的工程累计海水淡化能力约为60万t/d，从政策规划来看，未来10年内行业市场容量有5倍以上的成长空间，前景较为乐观。淡化海水成本已降到4~5元/t，经济可行性已经大大提升，考虑到未来技术进步带来的成本下降，以及政策扶持等因素，未来海水淡化产业有望出现爆发式增长。

（四）水体污染危害

1. 水体富营养化

水体富营养化是一种有机污染类型，由于过多的氮、磷等营养物质进入天然水体而恶化水质。施入农田的化肥，一般情况下约有一半氮肥未被利用，流入地下水或池塘、湖泊，大量生活污水也会使水体富营养化。过多的营养物质促使水域中的浮游植物，如蓝藻、硅藻以及水草的大量繁殖，有时整个水面被藻类覆盖而形成"水华"，藻类死亡后沉积于水底，微生物分解消耗大量溶解氧，导致鱼类因缺氧而大批死亡。水体富营养化会加速湖泊的衰退，使之向沼泽化发展。

海洋近岸海区，发生富营养化现象，使腰鞭毛藻类（如裸沟藻和夜光虫等）等过量繁殖，密集在一起，使海水呈粉红色或红褐色，称为"赤潮"，对渔业危害极大。渤海北部和南海已多次发生。

2. 有毒物质的污染

有毒物质包括两大类：一类是指汞、镉、铝、铜、铅、锌等重金属；另一类则是有机氯、有机磷、多氯联苯、芳香族氨基化合物等化工产品。许多酶依赖蛋白质和金属离子的络合作用才能发挥其作用，例如汞和铅与中枢神经系统的某些酶类结合的趋势十分强烈，因而容易引起神经错乱，如疯病、精神呆滞、昏迷以致死亡。此外，汞和一种与遗传物质 DNA 一起发生作用的蛋白质形成专一性的结合，这就是汞中毒常引起严重的先天性缺陷的原因。

这些重金属与蛋白质结合不但可导致中毒，而且能引起生物累积。重金属原子结合到蛋白质上后，就不能被排泄掉，并逐渐从低剂量累积到较高浓度，从而造成危害。典型例子就是曾经提到过的日本的"水俣病"。经过调查发现，金属形式的汞并不很毒，大多数汞能通过消化道而不被吸收。然而水体沉积物中的细菌吸收了汞，使汞发生化学反应，反应中汞和甲基团结合产生了甲基汞（$Hg-CH_3$）的有机化合物，它和汞本身不同，甲基汞的吸收率几乎等于 100%，其毒性几乎比金属汞大 100 倍，而且不易排泄掉。

有机氯（或称氯化烃）是一种有机化合物，其中一个或几个氢原子被氯原子取代，这种化合物广泛用于塑料、电绝缘体、农药、灭火剂、木材防腐剂等产品。有机氯具有 2 个特别容易产生生物累积的特点，即化学性质极端稳定和脂溶性高，而水溶性低。化学性质稳定说明既不易在环境中分解，也不能被有机体所代谢。脂溶性高说明易被有机体吸收，一旦进入就不能排泄出去，因为排泄要求水溶性，结果就产生生物累积，形成毒害。典型的有机氯杀虫剂如"DDT""六六六"等，由于它们对生物和人体造成严重的危害已被许多国家所禁用。

3. 热污染

许多工业生产过程中产生的废余热散发到环境中，会把环境温度提高到不理想或生物不适应的程度，称为热污染。例如发电厂燃料释放出的热有 2/3 在蒸汽再凝结过程中散入周围环境，消散废热最常用的方法是由抽水机把江湖中的水抽上来，淋在冷却管上，然后把受热后的水还回天然水体中去。从冷却系统通过的水本身就热得能杀死大多数生物。而实验证明，水体温度的微小变化对生态系统有着深远的影响。

4. 海洋污染

随着人口激增和生产的发展，我国海洋环境已经受到不同程度的污染和损害。

1980 年调查表明，全国每年直接排入近海的工业和生活污水有 66.5 亿 t，每年随这些污水排入的有毒有害物质为石油、汞、镉、铅、砷、铝、氰化物等。全国沿海各县施用农药量每年约有 1/4 流入近海，约 5 万多吨。这些污染物危害很广，长江口、杭州湾的污染日益严重，并开始危及我国最大渔场舟山群岛。

海洋污染使部分海域鱼群死亡、生物种类减少，水产品体内残留毒物增加，渔场外移、许多滩涂养殖场荒废。例如胶州湾，1963—1964 年海湾潮间带的海洋生物有 171 种；
1974—1975 年降为 30 种；20 世纪 80 年代初只有 17 种。
莱州湾的白浪河口，银鱼最高年产量为 30 万 kg，1963 年约有
10 万 kg，如今已基本绝产。

（五）中国七大水系

　　流域内所有河流、湖泊等各种水体组成的水网系统，称作
水系。中国大陆地区由于地域的宽广，气候和地形差异极大，
境内河流主要流向太平洋，其次为印度洋，少量流入北冰洋。
中国境内"七大水系"均为河流构成，为"江河水系"，均属
太平洋水系，分别是：珠江水系、长江水系、黄河水系、淮河

水系、辽河水系、海河水系和松花江水系。这里重点介绍海河水系。

　　海河是中国华北地区最大水系。海河干流起自天津金钢桥附近的三岔河口，东至大沽口入渤海，其长度仅为73km。但是，它却接纳了上游北运河、永定河、大清河、子牙河、南运河五大支流和300多条较大支流，构成了华北最大的水系——海河水系。这些支流像一把巨扇铺在华北平原上。它与东北部的滦河、南部的徒骇河与马颊河水系共同组成了海河流域，流域面积31.8万km^2，地跨北京、天津、河北、山西、河南、山东、内蒙古等7个省（自治区、直辖市）。

二、天津之水

　　天津所在的海河流域，流经北京、天津、河北、山西、河南、山东、内蒙古等7个省（自治区、直辖市），共64个地级市（盟），301个县（市、区、旗），流域面积约32万 km^2，占全国的3.3%。多年平均水资源总量370亿 m^3，占全国的0.6%，支撑着1.52亿人口的生产、生活。

　　海河流域水资源的主要补给来源是降水。据多年降水资料统计，海河流域年平均降水量仅为547.8mm，流域内降水特征为燕山、太行山构成的弧形山系最高，由此向北、向东南两侧减少，是我国东部沿海降水量最少的地区。水资源短缺，水环境承载能力相对较低，但流域经济社会发展迅速，用水需求压力大，海河流域现状水资源开发利用率108%，多年平均缺水量96.5亿 m^3，缺水率21%，地下水超采约81亿 m^3。

　　天津市地处海河流域下游入海口处，随着海河流域水资源的过度开发利用，入境水量锐减，加之本地产水量少，水资源短缺形势十分严峻。

（一）天津市水资源状况

1. 地表水

地表水资源量，指地表水体的动态水量，即天然河川径流量。天津市地表水资源由当地天然径流量和入境水量组成。

① 天然径流量即当地地表水资源量，主要是天然降雨形成，2010 年地表水资源量为 5.58 亿 m^3。

② 入境水量是经过上游地区引用、拦蓄以外，不可控制的弃水量，绝大部分为平原和山区水库的弃水。天津的入境水量主要受上游地区降水、产流及工农业用水等因素影响。2010 年全市入境水量为 19.34 亿 m^3，其中引滦调水 5.08 亿 m^3，引黄济津调水 3.69 亿 m^3。

③ 天津的出境水量中，只有蓟运河山区的泃河流入北京的海子水库，其余全部入海。由于天津地处多条河流的下游，市内蓄水工程较少，入海水量直接受上游来水量的影响，2010 年泃河平均出境水量为 0.06 亿 m^3，入海水量为 9.4 亿 m^3。

2. 地下水资源

地下水资源量指地下水体（含水层重力水）的动态水量，用补给量或排泄量作为定量的依据。只考虑矿化度小于 2g/L 的浅层地下水作为水资源量。

天津市地下水资源区分为山地基岩和冲积平原两个水文地质区，平原区又分为全淡水区和有咸区两个区域。其中，基岩山地水文地质区分布在蓟州区北部山区；冲积平原水文地质区大致以宝坻断裂带为界，以北为全淡水区，以南为有咸水区。

2010 年地下水资源量为 4.45 亿 m^3。其中，山区 0.62 亿 m^3，平原区 4.23 亿 m^3，山区与平原区重复计算量 0.40 亿 m^3。

3. 水资源开发利用特点

一是资源性缺水严重，城乡供需失衡

天津市位于严重缺水的海河流域下游，是资源型缺水城市。全市多年平均水资源总量约为 20 亿 m^3，人均水资源占有量为 160m^3/a（仅为世界人均水资源占有量的 1/60，全国人均水资源占有量的 1/15）。按资源承载力理论分析，远远低于世界资源研究所确定的水资源"数量压力"指数临界标准（缺水警戒线 1 000m^3/a），仅为临界标准的 16%。除此之外，从资源属性上还有不利水资源开发利用的制约因素：① 水资源地区分布不均衡。经济相对发达和城市人口集中的大清河南淀东平原，水资源总量仅为全市水资源总量的 30%，比海河北系水资源量明显偏低。② 洪水年际之间丰枯悬殊，雨洪水难以调蓄利用。

年内降水集中在 7—8 月份，占全年降水量的 65% 左右。③ 连续枯水年经常发生，干旱导致缺水。例如 1980—1984 年和 1997—2004 年，遭遇持续干旱年，造成水危机，9 次应急引黄克服水荒。连续枯水年对天津市的城市供水构成威胁。④ 入境水量越来越少。随着海河流域上游地区社会经济的发展，不断兴修水利工程，开发利用水资源，造成流域内水资源利用失衡，处于流域尾闾的天津的入境水量日趋衰减，自 20 世纪 80 年代以后，除丰水年有洪水入境外，一般年份已无资源性入境水量。⑤ 河道径流的丰枯呈同步变化，使各河之间的来水难以互相调剂利用。

二是城市供水水源单一，供水保证率低

引滦供水保证率与天津特大城市稳定供水不相适宜的矛盾突出。根据国办发 [1983] 44 号文件，潘家口水库调节给天津市的水量，50%、75% 保证率年份为10亿m³，95% 年份为6.60亿m³。自1999年以来，潘家口水库遭遇连续干旱，水源不足，潘家口水库的计划配水指标已经难以保证，分配天津市水量年均不足6亿m³，特别是2000年、2002年、2003年、2004年因天津市缺水，4年实施了"引黄济津"，以缓解天津城市供水危机。

由于城市供水水源单一，供水保证率不能满足城市安全用水要求，供水范围受到限制。天津市地表水源除于桥水库通过引滦工程可提供城市用水外，其他供水工程由于水质差且水源难以保证，不宜作为城市供水水源，只能依靠引滦工程，目前天津城市用水指标已经超过引滦水量，而且引滦的供水保证率低，用水需求与引滦低保证率供水的矛盾日益突出，城市供水危机难以短时期缓解。

三是农业供水紧缺，引污灌溉比较普遍

2003 年农业用水 11.41 亿 m^3，占天津市总用水量的 54.70%，是天津市的第一"用水大户"。由于天津市农村供水水源系统只是以当地地表水、地下水和入境水为主。当地地表水资源已远远不能满足农业用水需要，加之地下水资源量有限，随着流域上游水资源开发利用量逐步加大，入境水量逐步减少，加剧了天津市水资源短缺的困境，造成农业供水紧缺。多年来，农业灌溉不得不采用污水灌溉，以缓解农业供水紧缺的矛盾。据统计，年均引污水量近 7 亿 m^3，全市污水灌溉面积已达 350 万亩，占全市耕地面积的 48%，占灌溉总面积 66%，"引污灌溉"引发一系列农业生态问题。

四是地下水严重超采，水位下降及地面沉降灾害频发

超采区集中在天津市中南部有咸水区，为深层地下水超采。虽然自引滦入津以后，市区和塘沽地下水超采量有所减少，减缓了地面沉降速度，但由于受工业布局、结构调整的影响，城郊地区和海河下游工业区等引滦工程供水范围以外地区，尚无替代水源，仍不得不继续超采地下水，地面沉降仍然十分严重。据统计，1970—2000 年累计超采深层地下水 64 亿 m^3，年均超采 2.13 亿 m^3。2000 年超采量达到 3.17 亿 m^3，其中农业超采约为 1.4 亿 m^3，工业超采约为 1.77 亿 m^3。超量开采导致地下水位下降，现最大水位降深已达 90m；地面沉降的沉降区范围达 7 300 km^2，占市国土面积的 70%，形成了中心城区、塘沽、汉沽和大港及海河下游地区等几个沉降中心。其中，中心城区地面自 1959 年以来的沉降累计最大值达 2.83m，塘沽

累计地面沉降最大值达 3.11m。

五是水资源开发利用率过高，加剧水资源短缺

天津市地表水多年平均供水量 15.61 亿 m³，当地多年平均地表水资源量 10.65 亿 m³，入境水量可开发利用的部分为 11.94 亿 m³，按照现状水资源开发利用评价，地表水资源开发利用率高达 70%。超过国际上平均水资源开发利用率 30% 的 1.5 倍，总体上已至极度。

六是生态环境用水严重缺乏，水环境恶化

据统计，2003 年天津市总用水量 20.87 亿 m³（不含直接用于农业的污水水量）。其中生活用水 4.48 亿 m³，生产用水 16.09 亿 m³，生态环境用水 0.30 亿 m³，分别占总用水量的 21.47%、77.09%、1.44%。生态环境用水所占比例极低，这是水资源短缺造成用水结构不合理的反映。

由于水资源短缺，生态环境恢复用水量难以保证。目前天津市生态环境用水仅限于中心城区河湖环境所需最小量值。且缺乏生态用水保障，全市水生态环境呈现有河皆干、有水皆污、湿地严重萎缩的恶化趋势。湿地面积由新中国成立初期占全市面积 30% 降至目前 13% 左右。

（二）天津市河流水系状况

天津市占海河流域面积的 3.55%，主要一级河流分置于海河流域的 6 个水系，有多条主干河流经天津入海。河流概况见表 2-1。

表 2-1　天津市河流基本情况

水系	河流名称	起止地点		河流长度 / km	流域面积 / km² （面积比例 /%）	历史上 河流主要功能
		起	止			
北三河	蓟运河	九王庄	防潮闸	189.0	6227 (55.1)	农灌、工业用水、泄洪
	洵河	红旗庄闸	九王庄	55.0		农灌、泄洪
	引洵入潮	罗庄渡槽	郭庄	7.0		农灌、泄洪
	青龙湾减河	庞家湾	大刘坡	45.7		农灌、泄洪
	潮白新河	张甲庄	宁车沽	81.0		农灌、工业用水、泄洪
	北运河	西王庄	屈家店	89.8		农灌、工业用水、泄洪
	北京排水河	里老闸	东堤头	73.7		排污、农灌、泄洪
	还乡新河	西准沽	闫庄	31.5		农灌、泄洪
永定河	永定河	落垡闸	屈家店	29.0	327 (2.9)	农灌、泄洪
	永定新河	屈家店	北塘口	62.0		农灌、泄洪
大清河	大清河	台头西	进洪闸	15.0	2637 (23.3)	农灌、泄洪
	子牙河	小河村	三岔口	76.1		农灌、泄洪
	独流减河	进洪闸	工农兵闸	70.3		农灌、泄洪
	子牙新河	蔡庄子	洪口闸	29.0		农灌、泄洪
漳卫南运河	马厂减河	九宣闸	北台	40.0	8 (0.1)	农灌、泄洪
	南运河	九宣闸	十一堡	44.0		农灌、泄洪
黑龙港运东	沧浪渠	翟庄子	防潮闸	27.4	40 (0.3)	农灌、泄洪
	北排水河					农灌、泄洪
海河干流	海河干流	三岔口	大沽口	72.0	2066 (18.3)	景观用水、工业用水、泄洪、农灌

1. 河流水系概况

（1）北三河水系

北三河水系包括州河、沟河、还乡河、蓟运河、潮白新河、引沟入潮、北运河、青龙湾减河等，在天津境内全部流域面积为 6 227km²。

蓟运河是海河流域中有单独入海口的北系河流之一，流经宝坻、宁河、汉沽、塘沽，在塘沽北塘口蓟运河防潮闸处汇入永定新河流入渤海，全长 189km。

州河自蓟州区山下屯闸进入天津市，沟河自蓟州区红旗庄闸进入天津市，两河在宝坻区九王庄闸以上相汇后始称蓟运河。

还乡河自宁河区丰北闸进入天津市，在宁河区闫庄处汇入蓟运河。

潮白河流经北京顺义区、河北省香河县，在香河县吴村闸以下称潮白新河，由宝坻张甲庄进入天津市，再经宁河区于宁车沽闸汇入永定新河。流经天津 81km，途中有引沟入潮和引青入潮汇入。

北运河是京杭大运河的组成部分，于武清区土门楼闸处进入天津市，顺流而下在北辰区屈家店闸上与永定河汇合，继续走行，最后于红桥区子北汇流口与子牙河相汇合进入海河。天津市境内为 67.4km，流经 3 个区（武清区、北辰区、红桥区）。

青龙湾减河为北运河分泄洪河流，从土门楼泄洪闸（河北省香河）至八道沽改道向东，于大刘坡附近入潮白新河，改道段称"引青入潮"，全长 50km。青龙湾减河在天津起于庞家湾，止于大刘坡，全长 45.7km。

（2）永定河水系

永定河水系包括永定河、永定新河等，在天津境内全部流域面积为 327km^2。

永定河在武清区落垡闸进入天津市，在北辰区屈家店闸处与北运河相汇，该河流经天津市武清区、北辰区，天津区域内全长 29km。

为了缓解洪水对京、津城市的压力，于 1971 年开挖了自北辰区屈家店至塘沽北塘口入海通道，称之永定新河，承接永定河、机场排水河、北京排污河、潮白新河、金钟河、蓟运河、北仓泵站、北塘排污河、黑潴河、北排明渠、北塘排水河、汉沽污水库（现为"清净湖"）的来水及污水入海。天津区域内全长 62km。

（3）大清河水系

大清河水系包括大清河、独流减河、子牙河、子牙新河等，在天津境内全部流域面积为 2 637km²。

大清河上游分南、北两支，北支由小清、琉璃、胡马、拒马、白沟及易水等河组成，经新盖房分洪道入东淀；南支由磁河、沙河、唐河、府河、漕河、瀑河组成，均汇入白洋淀，经白洋淀后，自静海区台头西进入天津至进洪闸止，全长 15km。

独流减河始挖于 1953 年，20 世纪 60 年代末进行了扩建。独流减河有南北两个深槽，从进洪闸至工农兵防潮闸止。南槽长 70.3km，北槽长 67.2km。该河流经静海区、西青区、津南区和大港。

子牙河在静海区小河村入天津，于独流减河进洪闸处与大清河相汇，至天津市红桥区金钢桥处止，全长 76.1km。

子牙新河在天津起于蔡庄子，止于海口闸，全长 29km。

（4）漳卫南运河水系

漳卫南运河水系包括南运河和马厂减河，这两条两堤夹一河的河流，全部包含在天津市境内大清河水系的范围内，流域面积仅为 8km²。

南运河上游由漳河和卫河两大支流组成。开挖独流减河时南运河被拦截，于十一堡入子牙河。南运河于九宣闸附近进入天津，止于十一堡，全长 44km。南运河被截后的下游段自西青区下改道闸至市区金钢桥，全长 40km。

马厂减河是沟通南运河、独流减河、海河的人工河流，现通常指的是自静海区九宣闸至北台处，即南运河与独流减河之间的河段，全长 40.3km。过独流减河后自万家码头至西关闸处即独流减河与海河之间的河段已限制使用。

黑龙港河及运东地区水系：黑龙港河及运东地区水系在天津市境内无一级河流。水系内有北排水河、沧浪渠，流域面积为 40km²。

（5）海河干流水系

海河流域的九大水系只有海河干流水系全部在天津市境内，水系内的主要河流是海河，流域面积 2 066km²。

天津市的两条主要排污河即北塘排污河和大沽排污河也在该水系内。

引滦工程水系：引滦工程将海河流域滦河及河北沿海诸小河水系中的滦河水引入天津。

2. 功能区划

2000 年，天津市在水利部、国家环境保护总局的统一部署下，开展了"水功能区划"和"水环境功能区划"的编制工作，2008 年初完成并通过市政府批复，实现了两类功能区的统一融合。

（1）水功能区划的分级分类系统

水功能区划以水系为单元，针对水量与水质、地表水与地下水这几个相互依存的组分构成的统一体，兼顾河流上下游、左右岸、干支流之间的需求，实施统一规划、统筹兼顾，综合配置，通过水功能区划在宏观上对流域水资源的利用状况进行总体控制，合理解决有关用水的需求和矛盾。

水功能区划采用两级体系，即一级区划和二级区划。一级区划是宏观上解决水资源开发利用与保护的问题，主要协调区域间用水关系，长远上考虑可持续发展的需求；二级区划主要协调用水部门之间的关系。

一级功能区分为 4 类，包括保护区、保留区、开发利用区、缓冲区。一级水功能区的划分对二级功能区划分具有宏观指导作用。

二级功能区划分是在一级功能区所划的开发利用区内进行，分为 7 类，包括饮用水水源区、工业用水区、农业用水区、渔业用水区、景观娱乐用水区、过渡区、排污控制区。

（2）功能区水质目标

按照《天津市水资源保护规划》的内容，结合天津市大部分地表水体水质的现状，把 2005 年定为现状水平年，天津市水功能区划的水质目标按近期和远期分阶段实现。规划的远期水平年为 2020 年。在上游来水水量满足"海河流域水资源综合规划"所预测的河道内生态环境需水量、水质满足省界缓冲区水质目标且天津市境内各水功能区的入河污染物小于各自的水体纳污能力的情况下，2020 年应达到"远期（2020）水质目标"即水功能区水质标准。

（3）天津市水功能区划的范围

区划范围包括了海河流域在天津市境内七大水系的 35 条主要河流（段）、3 座大型水库及中心市区的 9 条二级景观河道。

（4）功能区划

根据天津市的实际情况，海河流域在天津市境内共划分了 73 个一级分区（表 2-2）。其中：保护区 4 个，开发利用区 47 个，缓冲区 22 个，无保留区。在进行一级区划时，突出了优先保护饮用水水源地的原则，将最重要的地表水供水水源地划为保护区；将跨省界河流、省界河段之间的衔接河段划为缓冲区；其余大部分市境内的河段、水域，均划为开发利用区。

表 2-2 天津市水功能一级区划功能区统计				(单位：个)
水　系	保护区	缓冲区	开发利用区	合　计
海河干流（含引滦）	1	0	18	19
北三河	2	14	13	29
永定河	0	1	3	4
大清河	0	3	7	10
子牙河	0	2	2	4
漳卫南运河	1	0	2	3
黑龙港及运东	0	2	2	4
合　计	4	22	47	73

　　海河流域二级水功能区划是在流域一级水功能区划的开发利用区中进行划分的，结合天津市境内的相关河道，在 47 个开发利用区内共划分出 76 个二级区划功能区段（表 2-3）。其中：饮用水水源区 12 个，工业用水区 12 个，农业用水区 35 个，景观娱乐用水区 13 个，渔业用水区 1 个，过渡区 1 个，排污控制区 2 个。

表 2-3 天津市水功能二级区划功能区统计								(单位：个)
水系	饮用水水源区	工业用水区	农业用水区	景观娱乐区	渔业用水区	过渡区	排污控制区	合计
海河干流	5	3	2	13	0	1	2	26
北三河	1	5	14	0	1	0	0	21
永定河	0	1	4	0	0	0	0	5
大清河	3	2	8	0	0	0	0	13
子牙河	1	0	3	0	0	0	0	4
漳卫南运河	2	1	2	0	0	0	0	5
黑龙港运东	0	0	2	0	0	0	0	2
合　计	12	12	35	13	1	1	2	76

（三）2015 年天津市水环境质量

2015 年，引滦输水水源地于桥水库出水达到地表水 Ⅲ 类水质标准。综合营养状态指数为 54.1，处于轻度富营养状态。

引滦工程集中式饮用水水源地宜兴埠泵站水质符合国家饮用水源水质标准，水质达标率已连续 14 年保持 100%。

南水北调中线自 2014 年 12 月正式通水以来，逐渐成为天津市的主要饮用水水源，水质稳定达到地表水 Ⅱ 类水质标准。

2015 年，全市水功能区 82 个有效监测断面中，达到地表水 Ⅱ ~ Ⅲ 类水质标准的断面为 4 个，占 4.9%，Ⅳ 类水质断面 4 个，占 4.9%；Ⅴ 类水质断面 20 个，占 24.3%；劣 Ⅴ 类断面 54 个，占 65.9%，主要污染因子为化学需氧量、高锰酸盐指数和生化需氧量。

天津近岸海域环境质量监测点位中，Ⅱ 类、Ⅲ 类、Ⅳ 类、劣 Ⅳ 类水质点位分别占 30%、10%、30% 和 30%，主要污染因子为无机氮、活性磷酸盐和非离子氨。近岸海域功能区水质达标率为 31.0%。

三、节水护水

（一）世界水日

　　世界水日的宗旨是唤起公众的节水意识，加强水资源保护。为满足人们日常生活、商业和农业对水资源的需求，联合国长期以来致力于解决因水资源需求上升而引起的全球性水危机。1977年召开的"联合国水事会议"，向全世界发出严重警告：水不久将成为一个深刻的社会危机，石油危机之后的下一个危机便是水。1993年1月18日，第47届联合国大会作出决议，确定每年的3月22日为"世界水日"。

　　世界水日的确立有着深刻的背景：一切社会和经济活动都极大地依赖淡水的供应量和质量，随着人口增长和经济发展，许多国家将陷入缺水的困境，经济发展将受到限制；推动水的保护和持续性管理需要地方一级、全国一级，地区间、国际间的共同努力。

（二）中国水周

　　1988 年《中华人民共和国水法》颁布后，水利部即确定每年的 7 月 1 日至 7 日为"中国水周"，考虑到世界水日与中国水周的主旨和内容基本相同，因此从 1994 年开始，把"中国水周"的时间改为每年的 3 月 22 日至 28 日，时间的重合，使宣传活动更加突出"世界水日"的主题。

　　从 1991 年起，我国还将每年 5 月的第二周作为"城市节约用水宣传周"，进一步提高全社会关心水、爱惜水、保护水和水忧患意识，促进水资源的开发、利用、保护和管理。

　　"世界水日"和"中国水周"的确定是使全世界都来关心并解决淡水资源短缺这一日益严重的问题，并要求各国根据本国国情，开展相应的活动，提高公众珍惜和保护水资源的意识。

（三）节水标志

2001年3月22日"国家节水标志"在水利部举办的以"建设节水型社会，实现可持续发展"为主题的纪念第九届"世界水日"暨第十四届"中国水周"座谈会上揭牌，这标志着中国从此有了宣传节水和对节水型产品进行标识的专用标志。

"国家节水标志"由水滴、手掌和地球变形而成。绿色的圆形代表地球，象征节约用水是保护地球生态的重要措施。标志留白部分像一只手托起一滴水，手是拼音字母"JS"的变形，寓意为节水，表示节水需要公众参与，鼓励人们从我做起，人人动手节约每一滴水，手又像一条蜿蜒的河流，象征滴水汇成江河。

水和手的结合像心字的中心部分（去掉两个点），且水滴正处在"心"字的中间一点处，说明了节约用水需要每一个人牢记在心，用心去呵护，节约每一滴珍贵的水资源。

"国家节水标志"既是节水的宣传形象标志，同时也作为节水型用水器具的标识。对通过相关标准衡量、节水设备检测和专家委员会评定的用水器具，予以授权使用和推荐。据了解，澳大利亚、南非等世界上许多国家都有节水标志，对节水起到了促进作用。

国家节水标志

（四）节约用水

　　节约用水，又称节水，是指通过行政、技术、经济等管理手段加强用水管理，调整用水结构，改进用水方式，科学、合理、有计划、有重点的用水，提高水的利用率，避免水资源的浪费。特别要教育每个人都在日常工作或生活中科学用水，自觉节水，达到节约用水人人有责。

　　我国是一个缺水国家，在日常生活中，我们拧开水龙头，水就源源不断地流出来，可能丝毫感觉不到用水危机。但事实上，我们赖以生存的水，正日益短缺。目前，全世界还有超过 10 亿的人口用不上清洁的水，因此，人类每年有 310 万人因饮用不洁水患病而死亡。

　　天津市位于九河下梢，是海河流域的下游，却是一个水资源极其短缺的城市。随着城市化进程的不断加快，水资源短缺和用水浪费并存、水量紧缺和水质污染是天津市目前面临的主要治水问题，如不采取适当应对措施，将直接影响经济社会可持续发展的运行及生态环境的保护。所以，提倡节水护水，采取节水措施、建设节水机制、加强节水宣传具有十分重要的意义。

　　节约用水，我们要从身边的每一件事做起，从生活的点点滴滴做起。一滴水，微不足道，但是，不停地滴起来，数量就很可观了。据测定，滴水在 1 个小时里可以集水 3.6kg；1 个月里可集到 2.6t 水。这些水量，足可以供给一个人的生活所需。可见，一点一滴的浪费都是不应该有的。至于连续成线的小水流，每小时可集水 17kg，每月可集水 12t；哗哗响的大水，每小时可集水 670kg，每月可集水 482t。可见，节约用水要从点滴做起。

（五）节水

节水型社会

在水量不变的情况下，要保证工农业生产用水、居民生活用水和良好的水环境，必须建立节水型社会。其中包括合理开发利用水资源，在工农业用水和城市生活用水的方方面面，大力提高水的利用率，要使水危机的意识深入人心，养成人人爱护水，时时、处处节水的局面。

真正节水

不明白"节水"二字真正含义的人，总是错误地认为，节水是限制用水，甚至是不让用水。其实，节水是让人合理地用水，高效率地用水，不会随意地浪费。专家们指出，运用科学技术和方法，农业可以减少 10%~50% 的需水，工业可以减少 40%~90% 的需水，城市减少 30% 的需水，都丝毫不会影响经济和生活质量的水平。

家庭节水

据分析，家庭只要注意改掉不良的习惯，就能节水 70% 左右。与浪费水有关的习惯很多，比如：用抽水马桶冲掉烟头和

零碎废物；为了接一杯凉水，而白白放掉许多水；先洗果蔬后削皮，或冲洗之后再择蔬菜；洗手、洗脸、刷牙时，总让水流着；睡觉之前、出门之前，不检查水龙头；设备漏水，不及时修理等。

用节水器具

家庭节水除了注意养成良好的用水习惯以外，采用节水器具很重要，也最有效。节水器具种类繁多，有节水型水箱、节水龙头、节水马桶等。从原理来说，有机械式和全自动两类。

洗淋浴

（1）学会调节温度；

（2）不要将喷头的水自始至终地开着，更不应敞开着；

（3）尽可能先从头到脚淋湿一下，就全身涂肥皂搓洗，最

后一次冲洗干净。不要单独洗头、洗上身、洗下身和脚。

（4）洗澡要专心致志，抓紧时间，不要悠然自得，或边聊边洗。更不要在浴室里和好友打水仗。

（5）不要利用洗澡的机会"顺便"清洗衣物。

（6）洗头时可以用盆接水洗。

洗衣服

精选清洗程序：洗衣机洗少量衣服时，水位定得太高，衣服在高水里漂来漂去，互相之间缺少摩擦，反而洗不干净，还浪费水。在洗衣机的程序控制上，洗衣机厂商开发出了更多水位段洗衣机，将水位段细化，洗涤启动水位也降低了 1/2；洗涤功能可设定一清、二清或三清功能，我们完全可根据不同的需要选择不同的洗涤水位和清洗次数，从而达到节水的目的。

提前浸泡减水耗：洗涤时间可通过织物的种类和衣物脏污的程度来决定。在清洗前对衣物先进行浸泡，可以减少漂洗次数，减少漂洗耗水。

适量配放洗衣粉：洗衣粉的投放量（即洗衣机在恰当水位时水中含洗衣粉的浓度）应掌握好，这是漂洗过程的关键，也是节水、节电的关键。以额定洗衣量2kg的洗衣机为例，低水位、低泡型洗衣粉，洗衣量少时约要 40g，高水位时约需 50g。按用量计算，最佳的洗涤浓度为 0.1% ~ 0.3%，这样浓度的溶液表面活性最大，去污效果较佳。市场上洗衣粉品种较多，功能各异，可以根据家庭的习惯进行选择。过多配放洗衣粉，势必增加漂洗难度和次数。

衣服集中一起洗：衣服太少不洗，等多了以后集中起来洗，也是省水的办法。

充分利用漂洗：① 增加漂洗次数，每次漂洗水量宜少不宜多，以基本淹没衣服为准；② 每次用的漂洗水量相同；③ 每次漂洗完后，尽可能将衣物拧干，再放清水；④ 如果将漂洗的水留下来做下一批衣服洗涤水用，一次可以省下 30~40L 清水。

预防水管冻裂

北方的冬季，水管容易冻裂，造成严重漏水，应特别注意预防和检查。比如：

（1）雨季洪水冲刷掉的覆盖沙土，冬季之前要补填上，以防土层过浅冻坏水管；

（2）屋外的水龙头和水管要安装防冻设备（防冻栓、防冻木箱等）；

（3）屋内有结冰的地方，也应当裹麻袋片、缠绕草绳；

（4）有水管的屋子要堵好门缝、窗户缝，注意屋内保温；

（5）一旦水管冻结了，不要用火烤或开水烫（那样会使水管、水龙头因突然膨胀受到损害），应当用热毛巾裹住水龙头帮助化冻。

日常节水小窍门

（1）清洗炊具、餐具时，如果油污过重，可以先用纸擦去油污，然后进行冲洗。

（2）用洗米水、煮面汤、过夜茶清洗碗筷，可以去油，节省用水量和洗洁精的污染。

（3）洗污垢或油垢多的地方，可以先用用过的茶叶包（冲过并烤干）沾点熟油涂抹脏处，然后再用带洗涤剂的抹布擦拭，轻松去污。

（4）清洗蔬菜时，不要在水龙头下直接进行清洗，尽量放入到盛水容器中，并调整清洗顺序，如：可以先对有皮的蔬菜进行去皮、去泥，然后再进行清洗；先清洗叶类、果类蔬菜，然后清洗根茎类蔬菜。

（5）不用水来帮助解冻食品。

（6）用煮蛋器取代用一大锅水来煮蛋。

（7）洗手、洗脸、刷牙时不要将龙头始终打开，应该间断性放水。如：洗手、洗脸时应在打肥皂时关闭龙头；刷牙时，应在杯子接满水后，关闭龙头。

（8）减少盆浴次数，每次盆浴时，控制放水量，约 1/3 浴盆的水即可。

（9）收集为预热所放出的清水，用于清洗衣物。

（10）沐浴时，站立在一个收集容器中，收集使用过的水，用于冲洗马桶或擦地。不要长时间开启喷头，应先打湿身体和头发，然后关闭喷头，并使用浴液和洗发水，最后一次清洗。

（11）使用能够分档调节出水量大小的节水龙头。

（12）集中清洗衣服，减少洗衣次数。

（13）减少洗衣机使用量，尽量不使用全自动模式，并且手洗小件衣物。

（14）漂洗小件衣物时，将水龙头拧小，用流动水冲洗，

并在下面放空盆收集用过的水，而不要接几盆水，多次漂洗。这样既容易漂净，又可减少用水总量，还能将收集的水循环利用。

（15）漂洗后的水，可以作为下次洗衣的洗涤用水，或用来擦地。

（16）洗衣时添加洗衣粉应适当，并且选择无磷洗衣粉，减少污染。

（17）如果使用非节水型老式马桶，可以将一个盛满水的饮料瓶放到马桶的水箱中，以减少冲水量。（注意：此方法不要阻碍水箱内的水体运动。）

（18）马桶不是垃圾桶，不要向马桶内倾倒剩菜和其他杂物，避免因为冲洗这些杂物而造成的浪费。

（19）收集洗衣水、洗菜水、洗澡水等冲洗马桶。定期检查水箱设备，及时更换或维修，并且不要将洗洁精等清洁物品放入水箱中，这可能会造成水箱中胶皮、胶垫的老化，导致泄漏，从而造成浪费。

（20）外出就餐，尽量少更换碟子，减少餐厅碟子的洗刷量，从而减少用水。

（21）养成随手关闭水龙头的好习惯。

（22）使用中水清洁车辆。

（23）教育儿童节约用水，鼓励他们不玩耗水游戏。

（24）不浪费喝剩的茶水和矿泉水，用来浇花。

（25）灌暖壶前不要随手倒掉里面的剩水，可与其他循环水收集在一起再利用。

（26）收集洗衣水、洗菜水、洗澡水等拖地。

（27）选择植物蜡无水洗车，既节水又有利于汽车养护。

（28）收集雨水，加以利用。

（29）外出、开会时，自带水杯或容量小的瓶装水，减少对剩余瓶装水的浪费。

（30）市政、小区建设使用透水地砖。种植灌木树木来替代大面积的草坪。

（31）集体浴室、开水房，使用计费卡洗浴和取水。

（32）不向河道、湖泊里扔垃圾，不乱扔废旧电池，防止对自然水资源造成污染。

（六）饮用水

　　饮用水是指可以不经处理、直接供给人体饮用的水。水是体液的主要组成部分，是构成细胞、组织液、血浆等的重要物质。水作为体内一切化学反应的媒介，是各种营养素和物质运输的平台。

分类和作用

1.纯净水

纯净水与人类传统饮用水有原则上的差别，它的优点在于：没有细菌、没有病毒、干净卫生；纯净水中含有极少量的微量元素，但是人体所需要的矿物质补充主要来源于食物，从水中吸收的只占有 1%。

2.矿泉水

矿物质适中才是健康水。短缺会引起营养不良，超量则会引起中毒。

3.自来水

自来水是天然水的一种，是安全水，还含有天然饮水中的有益矿物质，是符合人体生理功能的水。但存在管网老化、余氯等二次污染。如果能够深度净化，不失为一种更为大众化的健康水。

桶（瓶）装水选购

（1）购买品牌首选规模比较大的企业和知名品牌，饮用水已纳入质量安全市场准入管理，所有产品上应有"QS"标志。

（2）看产品标签：合格的产品标签应清晰标注其产品名称、净含量、制造者名称、地址、生产日期、保质期、产品标准号等内容。

（3）鉴别水的感官质量：合格的饮用水应该无色、透明、清澈、无异味、无异臭，没有肉眼可见物。颜色发黄、浑浊、有絮状沉淀或杂质，有异味的水一定不能饮用。

（4）桶装、瓶装水一旦打开，应尽量在短期内使用完，不能久存。最好放在避光、通风阴凉的地方。

（5）购买净水机制水时要看清机器的卫生状况，机器管理的巡视及滤芯更换及清洁频率记录。尽量选择机器的卫生状况良好，机器管理的巡视及滤芯更换及清洁频率高的购买。

常见误区

水是生命之源。人们的健康生活离不开安全、干净的饮用水。但在日常生活中，存在许多饮用水误区，为人类健康埋下了隐患。

饮用水误区一：水越纯越好

由于人体体液是微碱性，而纯净水呈弱酸性，如果长期摄入的饮用水是微酸性的水，体内环境将遭到破坏。大量饮用纯净水是日常生活中常见的饮用水误区，纯净水会带走人体内有用的微量元素，从而降低人体的免疫力，容易产生疾病。

饮用水误区二：喝水仅为解渴

干净、安全、健康的饮用水是最廉价、最有效的保健品。由于一切细胞的新陈代谢都离不开水，只有让细胞也喝足水，才能促进新陈代谢，提高自身的抵抗力和免疫力。除此之外，饮用水在体内能将蛋白质、脂肪、碳水化合物、矿物质、无机盐等营养物质稀释，这样才能便于人体吸收。

饮用水误区三：片面强调水中矿物质

许多人把矿泉水作为日常生活的饮用水。当水中矿物含量超标时，会危害人体健康。例如，当饮用水中的碘化物含量在 0.02~0.05mg/L 时，对人体有益，大于 0.05mg/L 时则会引发碘中毒。

饮用水误区四：饮料 = 饮用水

水和饮料在功能上并不能等同。由于饮料中含有糖和蛋白质，又添加了不少香精和色素，饮用后不易使人产生饥饿感。因此，不但起不到给身体"补水"的作用，还会降低食欲，影响消化和吸收。

（七）饮用水被污染有哪些途径？

生活饮用水受到人类活动或自然因素的影响，使水的毒理学指标、细菌学指标、放射性指标等发生改变，超过国家标准的限值，就会导致对人体健康可能产生危害的水质污染事件。

生活饮用水污染事件发生有三大主要途径：

一是水源污染，主要是有毒有害的废水或污水直接排放、泄漏，废弃物处理不当、降水、山洪暴发等原因进入水源。

二是制水污染，比如水质净化、消毒工艺不合理或设施不完备，使制得的饮用水不能达到卫生要求；制水设备发生故障，使处理后的水质不能达到卫生要求；制水过程使用的化学处理剂卫生质量低劣，未取得卫生许可批件，污染水质。

三是供水污染，比如二次供水设施的设计和建造不合理，施工原材料、涂料及清洗消毒所使用的器具、药剂等的污染。此外，很多专家都表示，供水污染中，自来水输送管网污染也不容忽视。中国水利水电科学研究院一项数据显示，目前我国城市供水管网多处于寿命的临界点，部分城市的老城区管网超期运行（摘自 2012 年 5 月 11 日新民晚报《我国自来水厂水质达标率 83%》）。不少老城区的自来水管网是铸铁材质，长时间使用后，内壁容易锈蚀、结垢、脱落，导致住户家中的自来水发黄发浑。

（八）你会喝水吗?

想要科学、安全地饮水，要至少做好以下 6 步：

（1）别迷信"花样"饮品

喝水就是喝水，水就是用来解渴的，不要被太多花样迷惑，尽量选优质的水，如白开水、矿泉水、纯净水、淡茶水、天然果汁、蔬菜汁等。

自来水在消毒过程中，可能会残留一些漂白粉。为了避免对水质的影响，建议大家在水快开或刚开时，把壶盖打开，让它继续再烧 2~3 分钟，这样就可以促使一些漂白粉的副产品，还有一些有害的物质蒸发掉。

（2）避免水龙头对自来水的二次污染

挑选水龙头时，建议大家要注意铅超标的问题。铜制水龙头铅超标的可能性更大一些，建议最好选用不锈钢材质的。

早晨，不要饮用、食用水管中的"头段水"，可以先进行洗菜、刷牙、洗脸、冲厕后再取水饮用，煮饭。现在，房子越修越高，高层建筑很多都是"二次供水"（通过水箱向高层住户供水），比"一次供水"存在污染的可能性更大一些。这种情况下，大家也可以安装个合格的净水器；习惯喝桶装水的家庭，购买时不要贪便宜。

一些人习惯在夏天时，买箱瓶装水搁在汽车后备厢里，但瓶装水长期在阳光下暴晒，可能引起包装瓶里的一些物质释放到饮用水中，因此不建议这样做。此外，一瓶水打开后要尽量喝完，不要隔了好几天再喝，因为打开之后，人们口腔内的很多细菌会附着在瓶口，在室温下很容易滋生细菌。

（3）最好用玻璃杯或耐热的塑料杯喝水

有的塑料杯泡茶后会有刺鼻的味道，这就是很劣质的容器，不能用这样的杯子盛热水。用陶瓷杯时，最好选本色的，尤其是内胆，不能有印花。现在很多厂家为吸引顾客，尤其是小朋

友们，会印很多花卉或卡通图案，都是通过釉下彩的技术画上去的，这些彩有可能存在铅残留的问题，对健康不利。不锈钢杯子盛水时间也不能太长，尤其是喝酸碱性饮料时，不要用不锈钢杯子。

（4）饮水适量，能放能收

一般，成年人每天应喝 6-8 杯，建议一定要超过 1 200mL，喝到 2 000mL 也没有问题，要根据自己的身体状况、环境和活动量来决定。

身体对水的需求量因人而异，特别要注意督促老人和儿童及时补充水分。因为，人上了年纪，对口渴是不敏感的，老人很少有主动喝水的，但建议老人一定要养成不等口渴就喝水的习惯。还有小孩玩得太投入，满头大汗也不知道喝水，这时，家长一定让他定时喝水，养成好习惯。

（5）未渴先饮，少量多次

不要暴饮，一次饮水量越大，人体对水的吸收利用率就越低。我们要养成主动喝水的习惯，可以分别在起床后、上午、下午及睡觉前喝水。

建议清晨起床先喝一杯水，清晨是一天补水的最佳时期。如果你想减轻体重，稍微控制一下食欲，建议可在餐前喝杯水。吃饭时，也可以进食少量汤水，特别是老年人咀嚼功能比较差，稍微喝点汤对健康有益。有很多朋友喜欢走路、快走、慢跑等运动，运动前 30min 可以喝些水再出去，喝小半瓶水或是100~150mL 的水，可以增加身体的散热能力，保持体温恒定。如果运动过程中口渴难忍，也可以在休息时喝几口水。此外，睡前半小时也可适量饮水。

（6）温度要适宜，时机要合适

水的最佳饮用温度是 18~45℃。有些人喜欢喝开水，刚沏上茶就慢慢喝，实际上烫水会损伤消化道，对口腔黏膜、牙齿也都会有损伤。长期喝烫水和吃烫的饮食，会使食管癌的发病率增高。还有一种相反的情况，夏天天气炎热时，很多人喜欢喝冰镇饮料，觉得喝下去特别清爽，但一大杯饮料喝下去以后，胃肠道局部血管收缩得很厉害，容易腹痛，甚至会拉肚子。

（九）饮用水被污染如何应对

当饮用水（含农村井水）被污染，出现变色、变浑、变味情况时，应立即停止使用，并及时向卫生监督部门或疾病预防控制中心报告，同时告知居委会、物业部门、村委会和周围邻居停止使用。

不慎饮用了被污染的水，应密切关注身体有无不适。如出现异常，应立即到医药就诊。

在接到政府管理部门有关水污染问题被解决的正式通知后，才能恢复使用饮用水或井水。

可以用干净容器留取 3 ~ 5L 水，提供给卫生防疫部门进行检验，以便找出污染原因。

农村井水被污染，最好是将原来的井水抽干，清理井壁并撒漂白粉进行消毒，送检合格后方可再次使用。

预防措施：为保证生活饮用水卫生，防治肠道传染病的发生与流行，应对饮用水进行消毒处理后再饮用；饮水机要定期清洗和消毒；存水用具必须干净，并经常倒空清洗；饮用开水，煮沸是安全有效简便的消毒方法，可有效杀死微生物，提升饮用水的安全品质。

另外，也可以根据个人的需求选择一些适宜的净水器。

（十）生活饮用水常用消毒方法

水源安全是灾后防疫重点，为保证生活饮用水卫生，防止肠道传染病的发生与流行，应对饮用水采取消毒处理措施。潍坊华实药业有限公司介绍具体消毒方法如下：

井水消毒

（1）被淹井水消毒：在水退后立即抽干被污染的井水，先将井水抽干，清除淤泥，用清水冲洗井壁和井底，淘净污水，直到渗出的井水达到无色透明、无味为止。再按 10~20g/t 水的漂白精粉澄清液浸泡 12~24h 后，抽出井水，待自然渗出水到正常水位时，按每吨水 2~4g 的漂白精粉或按每 100kg 水加泡腾片 1 片投入井中，充分搅拌消毒 30min 后方可正常使用。

（2）不被淹的井水消毒：按 2~4g/t 水的漂白精片澄清液直接投入井中，充分搅拌，消毒 30min 后使用。

家庭饮用水消毒

（1）存水用具必须干净，并经常倒空清洗。

（2）将水煮沸是安全有效的消毒方法。

（3）水质混浊度较低的：按每 50kg 水 1 片漂白精片或按每 150kg 水加泡腾片 1 片投入水缸（桶）中，30min 后使用。

（4）水质混浊度较大、污染较重的，必须先加明矾澄清再消毒：50kg 水加明矾或碱式氯化铝 2.5~4g，或每桶水（约 25kg）加花生米大小的明矾一粒，充分搅拌 1~2min，静置 10min 左右，使水澄清后，弃去沉渣。然后按每 50kg 水 1 片漂白精片或 4~8 g/t 水（有效氯 50%），30min 后使用。

方法：将漂白精片研细，用清水调成糊状倒入需要消毒的水中，充分搅拌，加盖静置 30min 后方可使用。

二氧化氯消毒法

二氧化氯能有效杀灭有害人体健康的病源菌，除氧化有机物外，还应维持一定的剩余二氧化氯，用来抑制水中残存细菌的再度繁殖，防止水在管网中再度受到污染，所以二氧化氯消毒的水质控制应在大量的卫生学实验基础上结合本地管网的实际定出一个生产控制值。而消毒后的出厂水和管网水应严格按照 GB 5749—85 和 2001 生活饮用水卫生规范要求的细菌总数、总大肠菌群、粪大肠菌群进行控制。

（十一）"阴阳水"有害吗？

中医或民间偏方中指凉水和开水，或井水和河水合在一起的混合水，主要用做调药或做药引子，平时很少直接饮用。李时珍《本草纲目·水·生熟汤》："以新汲水百沸汤合一盏和匀，故曰生熟。今人谓之阴阳水。"《解放日报》："夏季井水过冷，

饮牲口时应掺开水，俗名叫'阴阳水'，这样牲口喝了可预防疾病。"

如今，"阴阳水"还有一种定义，一种是指将生水与开水混合后的水，当全自动电热开水器内水量不足时，它就会自动加水。此时，如果接开水的人没有注意或是急等饮用，电热开水器就会流出阴阳水。阴阳水可能含有各种病原微生物，因此喝阴阳水可能引起各种肠道传染病。阴阳水多产生于单缸结构的浮球式开水器。而现今的沸腾式开水器则采取双缸结构，使开水与生水分开。

很多人在日常生活中都会接触到阴阳水，如果是没经过处理的水，直接从水龙头出来的水和开水混合，这种阴阳水喝后对身体才有危害，没经过消毒处理的水不仅有大量细菌，还会造成人肠胃功能失调，甚至会引起霍乱。我们一般喝的桶装水，这些经过处理的、干净的、直接可以喝的水和开水混合成的阴阳水，目前还没有文献支持喝了对身体有害。但是一定得保证饮水机的干净，要经常清洗饮水机，还有找一些信得过的桶装水商家。

（十二）"千滚水"有害吗？

"千滚水"就是在炉上沸腾了一夜或很长时间的水，还有电热水器中反复煮沸的水。一般人认为，这种水因煮过久，水中不挥发性物质，如钙、镁等成分和亚硝酸盐含量很高。长时间饮用这种水，水中的有害物质会干扰人的胃肠功能，出现暂时腹泻、腹胀；有毒的亚硝酸盐，还会造成机体缺氧，严重者会昏迷惊厥，甚至死亡。这种水一般不能食用，只能作为提取水中的有害物质研究。

饮水机加热水达到的最高温度是90℃，不会沸腾，因此也就没有"千滚水"一说，反复加热长时间存储在内胆的水不会对水质产生根本影响，但可能其水中的矿物质元素会有所减少或丧失。

四、天津在行动

按照国务院《水污染防治行动计划》要求，天津市颁布实施《天津市水污染防治条例》，并陆续出台相关配套措施，有针对性地开展环保专项执法检查，同时，在全社会开展水环境主题宣传教育活动，大力营造良好舆论氛围。

（一）加快出台水污染防治法律法规

2015 年 12 月 31 日，天津市政府印发实施《天津市水污染防治工作方案》（以下简称《方案》），《方案》明确了主要目标：到 2020 年，全市水环境质量得到阶段性改善，污染严重水体较大幅度减少，饮用水安全保障水平持续提升，地下水超采得到严格控制，近岸海域环境质量保持稳定，水生态环境状况有所好转。到 2030 年，力争全市水环境质量总体改善，水生态系统功能初步恢复。到 21 世纪中叶，生态环境质量全面改善，生态系统实现良性循环。《方案》明确了主要指标：2017 年底前，基本消除城市建成区黑臭水体。到 2020 年，水质优良（达到或优于 III 类）比例达到 25% 以上，丧失使用功能的水体（劣于Ⅴ类）断面比例下降 15 个百分点，城市集中式饮用水水源水质全部达到或优于Ⅲ类标准，地下水质量考核点位水质级别保持稳定，近岸海域水质保持稳定。

2016 年 1 月，天津市第十六届人民代表大会第四次会议全票表决通过了《天津市水污染防治条例》（以下简称《条例》），并于 3 月 1 日起正式实施。《条例》分水污染共同防治、饮用水水源保护、工业水污染防治、城镇水污染防治、农业和农村水污染防治等十章九十八条，规定全市水污染防治应当以实现良好水环境质量为目标，坚持注重节水、保护优先、预防为主、综合治理、公众参与、损害担责的原则。《条例》更加注重执法实效，构成多层次、全方位的法律责任体系，创新区域联防联控工作机制，为全市实施水污染治理提供了法律保障。

2016 年 3 月 1 日，天津市环保局印发实施《〈天津市水污染防治条例〉行政处罚自由裁量权应用原则规定（试行）》及《常见水环境违法事实裁量基准（试行）》配套文件，细分了水环境违法事实及相应处罚档次，公平、公正区分裁量不同情形的同类水环境违法事实，防止发生"重责轻罚、轻责重罚、同案不同罚"等情况。包括 10 类水环境违法情形：超标或超总量排放水污染物、违反环保许可证管理制度、违反建设项目环境影响评价制度、违反建设项目污染防治设施验收制度、违反排污申报登记制度、不正常使用或擅自拆除、闲置水污染处理设施、违法造成环境污染事故、违反自动监控环境管理制度、违反突发环境事件应急管理制度、违反水污染管理制度的其他违法行为。采取 5 个处罚档次：轻微、一般、较重、严重、特别严重。

2016年3月1日，天津市环保局印发实施《天津市污染物排放自动监测有效数据适用环境行政处罚规定》，对天津市行政区域内重点排污单位污染物排放自动监测有效数据进行规范，此规定对于贯彻落实环保法律法规，从严处罚超标排放企业，"倒逼"企业主动治污减排，改善天津环境质量具有重要意义。《规定》重点明确了3类违法行为的法律责任：一是重点排污单位水污染物或大气污染物排放自动监测有效数据超标或者超总量的违法行为，包括道路上行驶的机动车排气遥感监测数据超标且无争议的，或者有争议经复测仍超标的违法行为；二是篡改、伪造水污染物排放或大气污染物排放自动监测数据的违法行为；三是重点排污单位未按照要求安装、正常运行水污染物排放自动监测设备或者未与环境保护行政主管部门的监控设备联网的，以及重点排污单位不安装使用与环境保护行政主管部门联网的大气污染源在线自动监测设施的违法行为。针对以上违法行为，环境保护行政主管部门将视情节严重程度，依据相应法律法规，进行责令改正、罚款、限制生产、停产整治、按日连续处罚、移送公安机关、报经有批准权的人民政府批准责令停业、关闭等处罚。

（二）不断加大水污染防治执法力度

2016年天津不断加大水污染防治执法力度，3月，在全市启动水污染防治百日行动专项检查（图4-1），重点检查造纸、石化、制革、印染、染料、焦化、电镀、农药、有色金属、原

图 4-1

料药制造、农副食品加工等行业废水排放情况，对超标和超总量的企业一律限制生产或停产整治；对整治不及时或达不到要求且情节严重的企业，坚决予以停业、关闭；对排查发现的"十小"企业立即建议区县政府进行取缔；对涉嫌环境污染犯罪的，及时移送公安部门。

专项检查重点从 4 个方面检查涉水污染物排放企业。一是查手续，检查企业环保审批、验收手续是否齐备，重点检查水污染物治理设施的建设与运行是否与环评和验收相一致，是否存在未批先建、边批边建、久试不验等情况；二是查运行，检查工业企业是否存在水污染物处理设施不正常使用或未经批准拆除、闲置水污染物处理设施、在线监测数据弄虚作假等情况，重点检查存在跑冒滴漏、设施老化的涉水企业；三是查排放，检查企业废水排放是否达标，排污口是否规范化，是否超排放总量排放，重点打击私设暗管或利用渗井、渗坑、罐车拉运排放、倾倒工业废水的企业，对构成犯罪的，依法追究刑事责任；四是查园区，检查工业园区环保手续是否齐备，是否建有污水集中处理设施并正常运行，处理后工业废水是否达标排放；园区内企业工业废水必须经预处理达到集中处理要求后，方可进入污水集中处理设施。

2016年6月至11月期间，市环保部门以钢铁行业、水泥制造行业、平板玻璃制造行业、城镇污水处理厂、危险废物产生和处置单位为重点，深入开展环保执法检查（图4-2）。对

图 4-2

偷排偷放、持续超标排污拒不改正、故意不正常使用防治污染设施超标排污、伪造或篡改环境监测数据、非法处置危险废物等违法行为，依法从重打击。涉嫌环境犯罪的，及时移送公安机关依法追究刑事责任。

专项检查主要检查内容为：开展重点涉气行业环境保护专项整治，针对钢铁行业中的烧结（球团）工序、高炉炼铁工序和炼钢（转炉、电炉）工序、水泥制造行业中的水泥熟料生产企业、平板玻璃制造行业等开展环保执法检查，重点检查企业建设项目环评制度执行情况、大气污染防治设施建设和运行情况、大气污染物稳定达标排放情况等；开展城镇污水处理厂环境保护专项整治，对城镇污水处理厂进行全面排查，摸清全市城镇污水处理厂生产运行情况，重点检查污染物稳定达标排放情况、污染物自动监控设施建设和运行情况、污泥处置情况等；开展打击涉危险废物环境违法犯罪行为专项整治，环保部门将联合公安机关对危险废物产生和处置单位进行检查，重点查处非法处置危险废物等违法犯罪行为，遏制危险废物非法倾倒和处置事件多发态势。

（三）开展环保主题宣传教育活动，营造良好舆论氛围

多年来，天津市坚持"环境保护，教育为本"的原则，深入扎实推进环境教育工作。结合天津实际，以环境友好型社区、环境友好型学校、环境友好型幼儿园、环境教育基地创建为载体，

着力加强对公众的环境教育，在创建标准中明确规定了与水资源相关的要求，同时，开展了一系列内容丰富、形式多样的环境教育主题实践活动，带动了公众在日常工作和生活中践行环保、低碳生活。特别是2012年《天津市环境教育条例》的颁布实施，使全市环境教育工作步入了规范化、法制化和全民化的进程，全市环境友好型系列创建工作也进入了深入发展阶段。截至目前，全市共有市级环境友好型学校（绿色学校）356所，市级环境友好型幼儿园（绿色幼儿园）120所，市级环境友好型社区（绿色社区）211个，市级环境教育示范基地9个。

图 4-3

1. 以"六·五"世界环境日为契机开展主题宣传活动

2015年，为了配合全市全面深入推进的水污染防治工作，打好水污染防治攻坚战，天津市确定世界环境日及环境教育宣传周全市主题为"践行绿色生活，共享碧水蓝天"。6月5日上午，2015年津沽环保行暨纪念"六·五"世界环境日、环境教育宣传周、环保嘉年华活动同时启动（图4-3），天津市政府、市人大、市政协及各委办局多位领导出席，环保系统干部职工，环境友好型社区、"社区环保之星""小小环保局长"代表以及环保NGO组织代表等各界环保志愿者1500余人参加了启动仪式。环保嘉年华活动持续两天，现场设置了低碳天天行、"水接龙"、海洋护卫队等近20款趣味互动游戏，让孩子和家长在快乐中学习环保知识，增强节水、爱水理念，活动参与公众超过10万人。

环境教育宣传周期间，天津市各区县也结合环境教育宣传周主题，开展形式多样、各具特色的环境保护宣传教育活动，大力宣传了天津在环境保护、生态文明建设等方面取得的成效，向全市人民传递建设美丽天津人人共享、人人有责的信息，号召广大市民行动起来，为实现天蓝、地绿、水净的美丽天津而奋斗。

津沽环保行以"治理水污染 保护水环境"为主题走访社区、学校、企业等，开展宣传报道，通过媒体关注，宣传和监督天津环境保护工作，增强公众的环境意识和参与意识，推动天津生态文明、美丽天津建设。

2. 以校园、社区为阵地，开展多形式、多内容的水环境知识教育活动

自1999年开始，天津团市委会同天津市人大城建环保委、

天津市政协城建环境委、天津市绿化办、天津市水利局、天津市环境保护局、天津市林业局等单位，实施"保护母亲河行动"。截至2011年，动员1 000万人次青少年参与活动，筹集资金数百万元，在全市建设12个青少年生态环保实践基地和10个市级青少年绿色家园，植树造林3 000余亩。在河北、甘肃、内蒙古、湖北等省份捐种青少年生态林。培育青少年环保社团42个。全市组建近百支保护母亲河生态监护队，设立30个保护母亲河生态监护站，其中12个保护母亲河生态监护站被命名为全国保护母亲河生态监护站。先后开展了"我和环境共友好，携手保护母亲河""珍惜水资源，保护水环境""清洁海河水，保护母亲河""青春在绿色工程中闪光"和共建"新世纪林""青年心向党"纪念林等青少年植绿护绿等活动。

2014年，天津市环境监测中心围绕"世界水日"和"中国

图 4-4

水周"宣传主题，组织开展了"爱护水环境、保障水安全"系列宣传活动（图4-4），宣传活动以现场宣讲、展板展示、发放宣传资料、专家咨询以及问卷调查等形式为主，向社区居民、武警战士和大学生解答了天津水环境概况、饮用水水源保护现状、用水卫生注意事项、节水常识等问题；并开放中水示范工程和分析实验室，向参观者讲解了水环境污染物种类、来源、危害程度及水生态现状和水环境保护现状。活动参与学生、居民逾 5 000 人次，累计发放《爱护水环境 保障水安全》《水污染源的控制措施》《水中污染物监测》等宣传资料 5 000 余册，解答群众问题 200 多个，达到了宣传水环境保护知识、提升群众环境保护参与意识的目的。

图 4-5

　　为了配合全市正在全面深入推进的水污染防治工作，2016年天津市开展了以"水环境保护"为主题的第三届三星杯"我是小小环保局长"公益活动（图 4-5），通过全方位、多角度的环境宣传，对孩子渗透环境保护理念，让环保走进家庭，影响社会，达到"小手拉大手，共同做环保"的目的，营造出"社会关注环保，公众参与环保"的浓厚氛围。活动自"世界水日"正式启动后，天津三星公司的环保志愿者深入全市 29 所环境友好型小学的 204 个班级举办了 131 场"环保进校园"主题班会，万余名小学生们积极参与到活动中，通过初赛、复赛、决赛的激烈角逐成功晋级全市总决赛。在纪念"六·五"世界环境日水上公园主会场宣传活动中，6 名从决赛中产生的 "小小环保局长"代表全市小朋友，天津市环保局局长温武瑞为"小小环保局长"颁发证书（图 4-6）。

图 4-6

2015 年 4 月 27 日至 6 月 30 日，为向小学生宣传水科普知识，传递节水、爱水、护水理念，倡导科学饮水，节约用水，天津市开展了"青少年环境知识科普课堂——生命之水"活动，组织学校通过一堂课时间，利用统一的"青少年环境知识科普课堂——生命之水"教案和课件 ppt，向小学生讲解水与生命、水与生活、节约用水等知识内容。在课堂上，老师向孩子们讲解水主题知识内容，并制作了环保主题网页，引导学生们通过自己查询网页，了解相关知识。学生们还通过亲自动手做实验，了解了天然水和纯净水的区别，培养了健康饮水的意识。课后，老师还向同学们发放了环保科普读本和实验用品，让学生们课后可以继续学习和实验，进一步延伸了课堂教育。活动期间共开展了 600 多堂课，受教育学生达 2 万多名。

2015 年，天津市河东区结合自身特色，走进香山道小学举办了节水洁水宣传活动（图 4-7），包括家庭与社会用水状况

图 4-7

调查；参观天津市节水科技馆；与河东环保监测站合作参与海河水监测；开动思维发明节水小妙招；以"心中的母亲河"为主题创作美术作品和水知识讲座等六项系列活动，将节水与洁水更加简单化、形象化、生活化地传递给孩子，启发并引导孩子们从生活的点滴着手，做环保的小小参与者，在今后的学习和生活中自觉树立起珍爱水资源的环保意识，也通过"小手拉大手"，让节水环保走进家庭，影响社会。

3. 开展多层次环境教育培训，提高全民节水护水、绿色发展理念

近年来，天津市围绕水环境保护工作，依据《天津市环境教育条例》的要求，面向社会各界开展了分层分类的环境教育培训工作：

面向领导干部（全市各区县分管环保工作的区县长、市相关委办局领导、各区县环保部门主要负责同志）连续4年举办了生态文明专题研修班（图4-8），邀请环保专家紧密结合国家新政策、新法规进行深入解读，提升了学员的环保法制意识和综合素质，推动了《水污染防治行动计划》和《天津市水污染防治条例》的宣传贯彻，促使水污染防治的科学理念深入决策层、管理层。

图 4-8

　　面向企业举办了 4 期天津市国家重点监控企业环境教育培训班、2 期违法企业环境教育培训班（图 4-9），就国家和天津市水污染防治形势与任务专题进行授课，使企业负责人对环保部门的监管要求更加清楚，强化了企业的污染防治主体责任意识和环境意识。

　　面向社区、学校每年举办环境友好型学校、社区创建培训班，以环境友好型创建为契机，宣传节水、爱水、护水的环境理念，并通过以点带面、潜移默化的形式，影响家庭，带动社会，使越来越多公众的环境意识和环境道德素质明显提升，取得了良好的社会效果。

　　通过多层次、有针对性的培训，增强了学员的责任意识和环境素养，有效提升了各阶层节水护水、绿色发展的理念，为全市"共筑生态城市、建设美丽天津"打下了良好的社会基础。

图 4-9

附　录

附录一

天津市人民代表大会常务委员会公告

《天津市环境教育条例》已由天津市第十五届人民代表大会常务委员会第三十五次会议于 2012 年 9 月 11 日通过，现予公布，自 2012 年 11 月 1 日起施行。

天津市人民代表大会常务委员会

2012 年 9 月 11 日

天津市环境教育条例

第一条　为了推动环境教育，增强公民环境保护意识，促进生态文明建设，根据有关法律、法规的规定，结合本市实际，制定本条例。

第二条　本条例所称环境教育，是指通过多种形式向公民普及环境保护的基本知识，培养公民的环境保护意识，提高公民环境保护技能，树立正确的环境价值观，自觉履行保护环境的义务。

第三条　环境教育应当坚持统一规划、分级管理、单位组织、全民参加，坚持经常教育与集中教育相结合、普及教育与重点教育相结合、理论教育与实践教育相结合的原则。

第四条　普及环境教育是全社会的共同责任，一切有受教育能力的公民都应当接受环境教育。

第五条　本市可以通过下列方式和途径开展环境教育：

（一）开设环境教育课程；

（二）举办环境教育专题讲座；

（三）开展环境教育实践活动；

（四）举办环境教育专题咨询；

（五）举办环境教育集中培训；

（六）开设环境教育专栏；

（七）通过大众传播媒介开展环境教育公益宣传；

（八）便于公众接受的环境教育方式。

第六条　市和区、县人民政府应当将环境教育纳入国民经济和社会发展规划，并组织实施。

市和区、县人民政府应当将环境教育所需经费列入本级财政预算并予以保障。

第七条　市环境教育工作领导小组领导全市环境教育工作，负责环境教育重大事项的统筹协调，其日常工作由市环境保护行政管理部门承担。

第八条　市环境保护行政管理部门主管全市环境教育工作，负责环境教育的组织、推动、监督、管理。

区、县环境保护行政管理部门负责本行政区域内的环境教育工作。

财政、教育、人力社保、司法行政、文化广播影视等部门应当做好与环境教育相关的工作。

第九条　市环境保护行政管理部门负责组织编制本市环境教育工作规划和年度计划，并组织落实。

市环境保护行政管理部门应当于每年第四季度向社会公布下一年度全市环境教育计划，明确重点教育内容。

各区县、各系统应当按照全市环境教育计划，结合本地区、本系统的情况，制定环境教育工作计划。

第十条　国家机关、社会团体、企业事业单位和其他组织，应当明确相应的部门和人员负责环境教育工作，并按照全市和本地区、本系统环境教育计划，结合本单位情况，安排环境教育实施计划。

第十一条　各级国家机关及其各部门主要负责人在任职期间，应当带头接受环境教育培训。

公务员主管部门应当将环境教育列入公务员培训计划，并组织实施。

第十二条　国家机关、事业单位应当对本单位人员每年至少进行一次环境教育培训，受教育人员比例不得低于95%。

第十三条　学校应当按照教育行政部门的统一要求，将环境教育内容纳入教学计划,结合教学实际落实师资和教学内容，并采取多种形式，组织学生参加环境教育实践活动，增强环境保护意识。

按照国家要求，小学、中学每学年安排的环境教育课时不得少于 4 课时。

高等院校和中等专业技术学校应当通过开设环境教育必修课程或者选修课程进行环境教育，并采取多种形式，提高学生的环境素养和环境保护技能。

第十四条　幼儿园的环境教育应当结合幼儿特点，采取适宜的活动方式，培养幼儿环境保护意识。

第十五条　工会、共青团、妇联等人民团体应当结合工作特点，加强对职工、青少年、妇女等群体的环境教育，增强环境保护意识。

第十六条　居民委员会、村民委员会应当根据自身特点，采取多种形式对居民、村民开展经常性的环境教育活动。

第十七条　排放污染物的企业应当将环境教育纳入企业年度工作计划和环境保护考核内容，结合企业特点，安排对从业人员的环境教育。

纳入国家和本市排放污染物重点监控的企业，其负责人和环境保护管理人员、环境保护设施操作人员，每年接受环境教育培训的时间不得少于 8 学时。

第十八条　被依法处罚的环境违法企业，其负责人及相关责任人员，应当接受由环境保护行政管理部门组织的不少于 24 学时的环境教育培训。

第十九条　环境保护行政管理部门应当建立环境教育资源和公共服务平台，开发环境教育学习课程，编制环境教育资料，为国家机关、企业事业单位、社会团体和其他组织开展环境教育提供政策、信息等方面的支持和服务。

第二十条 鼓励、引导、支持下列单位创建环境教育基地:

(一)植物园、科技馆、文化馆、博物馆;

(二)自然保护区、风景名胜区;

(三)具有环境保护示范作用的相关企业和科研院所实验室;

(四)其他适于开展环境教育的场所。

区、县环境行政管理部门应当在本区、县内至少确定一个环境教育基地为示范基地,并给予适当支持。

第二十一条 广播、电视、报刊、网络媒体等,应当开设环境教育栏目,开展环境教育公益宣传。

第二十二条 每年6月5日(世界环境日)所在的星期为本市环境教育宣传周。

在环境教育宣传周期间,环境保护行政管理部门应当组织开展环境教育宣传,国家机关、社会团体、企业事业单位和其他组织应当集中开展环境教育主题活动。

在环境教育宣传周期间,环境教育示范基地应当向社会公众免费开放。

第二十三条 本市鼓励公民、法人和其他组织以捐助、捐赠、志愿服务等多种方式,支持、参与环境教育活动。

第二十四条 对在环境教育工作中成绩突出的单位和个人,根据国家有关规定予以表彰和奖励。

第二十五条 违反本条例规定,不依法开展环境教育工作的单位及其负责人，由环境保护行政管理部门通报批评，责令改正。

第二十六条　市和区、县人民政府应当定期向本级人民代表大会常务委员会报告环境教育工作情况，接受监督检查。

第二十七条　本条例自 2012 年 11 月 1 日起施行。

附录二

天津市水污染防治条例

（2016年1月29日天津市第十六届人民代表大会第四次会议通过）

第一章 总 则

第一条 为了防治水污染，保护和改善本市水环境质量，保障饮用水安全，促进经济社会全面协调可持续发展，根据《中华人民共和国环境保护法》《中华人民共和国水污染防治法》等有关法律、行政法规，结合本市实际情况，制定本条例。

第二条 本条例适用于本市行政区域内的河流、湖泊、渠道、水库等地表水体和地下水体的污染防治。

海洋环境污染防治，适用《中华人民共和国海洋环境保护法》和本市相关地方性法规。

第三条 水污染防治应当以实现良好水环境质量为目标，坚持注重节水、保护优先、预防为主、综合治理、公众参与、损害担责的原则。

第四条 市人民政府对全市的水环境质量负责。区县人民政府对本行政区域内的水环境质量负责。

市和区县人民政府应当将水环境保护工作纳入国民经济和社会发展规划、计划，转变经济发展方式，优化产业结构，促进清洁生产，合理规划城乡布局，加强生态建设，保护和改善水环境质量。

第五条　市和区县人民政府应当保障水污染防治的财政投入，专款专用，提高资金使用效益。

鼓励和引导社会资金进入水污染防治领域，引导金融机构增加对水污染防治项目的信贷支持。

第六条　市和区县环境保护行政主管部门对本行政区域水污染防治实施统一监督管理。

市水行政主管部门负责本市行政区域内水资源保护和城镇排水、污水集中处理的管理和监督工作；区县水行政主管部门和其他相关行政主管部门按照职责分工，负责本行政区域内水资源保护和城镇排水、污水集中处理的管理和监督工作。

发展改革、工业和信息化、规划、建设、国土房管、农业、市容园林、交通运输、财政、科技、公安、海洋等有关行政管理部门按照各自职责，做好水污染防治相关工作。

第七条　本市实行水环境保护目标责任制和考核评价制度。

市人民政府应当根据本市水环境质量逐年提高的目标制定考核评价指标，将水环境保护目标完成情况作为对市人民政府有关部门和区县人民政府及其负责人考核评价的内容，考核结果向社会公开。

第八条　鼓励支持水污染防治科学技术研究，推广应用先进的水污染防治和节水技术、设备，实施水生态修复，鼓励支持海水淡化和再生水利用。

第九条　市和区县人民政府应当加强节约用水和水环境保护的宣传教育，普及相关科学知识，提高公民的水环境保护意识，拓宽公众参与水环境保护的渠道，并对在水环境保护方面做出显著成绩的单位和个人予以表彰和奖励。

第二章　水污染共同防治

第十条　市环境保护行政主管部门应当会同有关部门按照国家水污染防治的要求和本市实际情况，组织编制水污染防治规划，纳入全市环境保护规划，报市人民政府批准后公布实施。

区县人民政府应当按照市水污染防治规划，根据水环境状况和水污染防治要求，制定本区县水环境治理措施和实施方案。

第十一条　市人民政府对国家水环境质量标准和水污染物排放标准中未作规定的项目，可以制定本市地方标准；对国家水环境质量标准和水污染物排放标准中已作规定的项目，可以制定严于国家标准的地方标准，并报国务院环境保护行政主管部门备案。

第十二条　本市实行水污染物排放浓度控制和重点水污染物排放总量控制相结合的管理制度。排放水污染物的，其污染物排放浓度应当符合严于国家标准的本市地方标准；本市地方标准没有规定的，应当符合国家标准。排放重点水污染物的，应当符合总量控制指标。

向城镇污水管网排放水污染物的，还应当符合国家规定的污水排入城镇下水道水质标准。

直接向水体排放污染物的，其主要污染物还应当符合相应水功能区的水环境质量标准限值。

第十三条　市环境保护行政主管部门根据国家下达的重点

水污染物排放总量控制指标和本市水环境质量状况及经济社会发展水平，组织拟定重点水污染物排放总量控制指标分解落实计划，报市人民政府批准后，由市环境保护行政主管部门组织实施。

区县环境保护行政主管部门依据重点水污染物排放总量控制指标分解落实计划，拟定本行政区域重点水污染物排放总量控制实施方案，经区县人民政府批准后组织实施，并报市环境保护行政主管部门备案。

第十四条　对超过重点水污染物排放总量控制指标的区县，市环境保护行政主管部门应当暂停审批该区县新增重点水污染物排放总量的建设项目的环境影响评价文件，同时约谈该区县人民政府主要负责人，并向社会公布。

对超过重点水污染物排放总量控制指标的乡镇（街）、工业园区，区县环境保护行政主管部门可以暂停审批其新增重点水污染物排放总量的建设项目的环境影响评价文件。

第十五条　本市依法实行排污许可管理制度。纳入排污许可管理的直接或者间接向水体排放污染物的企业事业单位和其他生产经营者，应当按照规定向环境保护行政主管部门申请核发排污许可证，并按照排污许可证载明的污染物种类、排放总量指标、排放方式等要求排放污染物。

第十六条　市环境保护行政主管部门负责全市水环境质量和水污染源的统一监督监测，会同水行政主管部门建立水环境质量监测网络。

市环境保护行政主管部门定期发布本市水环境质量状况

公报。

第十七条　排放水污染物的企业事业单位和其他生产经营者，应当建立并实施水污染防治和污染物排放管理责任制度，明确负责人和相关人员的责任。

第十八条　新建、改建、扩建排放水污染物的建设项目，应当依法进行环境影响评价，其中排放重点水污染物的项目应当符合重点水污染物排放总量要求。建设项目的环境影响评价文件未经批准的，不得开工建设。

第十九条　建设项目的水污染防治设施，应当与主体工程同时设计、同时施工、同时投入使用。水污染防治设施未经验收或者验收不合格的，主体工程不得投入生产或者使用。

第二十条　企业事业单位和其他生产经营者应当保持水污染防治设施正常运行，不得篡改、伪造监测数据或者不正常运行水污染防治设施，违法排放水污染物。

水污染防治设施因异常情况影响处理效果或者停止运行的，应当立即采取应急措施，并在 12 小时内向区县环境保护行政主管部门报告。

第二十一条　直接向水体排放污染物的企业事业单位和其他生产经营者，应当达标排放并按照国家规定向环境保护行政主管部门申报、缴纳排污费。

征收的排污费一律上缴财政，按照国家有关规定用于水污染防治，不得挪作他用。审计机关应当依法实施审计监督。

第二十二条　排放水污染物的企业事业单位和其他生产经营者，应当按照国家和本市有关规定设置排污口。在河道设置排污口的，还应当遵守国家和本市河道管理相关规定。

第二十三条　排放水污染物的企业事业单位应当按照规定对本单位排污情况自行监测，不具备监测能力的，应当委托环境监测机构或者有资质的社会检测机构进行监测，并配合环境保护行政主管部门开展监督性监测。

排放水污染物的企业事业单位应当按照规定向社会公开监测数据，并建立监测数据档案，原始监测记录应当至少保存3年。

第二十四条　根据国家有关规定，市环境保护行政主管部门确定重点排污单位，并将重点排污单位名录及其排污许可的种类和数量向社会公开。

第二十五条　重点排污单位应当安装与环境保护行政主管部门监控设备联网的水污染物排放自动监测设备，并保证监测设备正常运行。

水污染物排放自动监测的有效数据，可以作为环境保护行政主管部门监管和执法的依据。

第二十六条　重点排污单位应当按照国家有关规定，如实公开排污信息、水污染防治设施的建设和运行情况、突发水污染事故应急预案等信息，接受社会监督。

第二十七条　环境保护行政主管部门和其他负有水环境保护监督管理职责的部门，应当将被查处排污单位的违法行为及行政处罚结果及时向社会公布，并记入市场主体信用信息公示系统。

第二十八条　禁止下列污染地表水和地下水的行为：

（一）在水体清洗装贮过油类或者有毒污染物的车辆和

容器；

（二）直接或者间接向水体排放油类、酸液、碱液；

（三）向水体排放、倾倒工业废渣、垃圾或者其他废弃物；

（四）在河流、湖泊、渠道、水库等最高水位线以下的滩地和岸坡堆放、存贮固体废弃物或者其他污染物；

（五）利用无防渗漏措施的沟渠、坑塘等输送或者存贮工业废水、含有毒污染物的废水、含病原体的污水或者其他废弃物；

（六）直接或者间接向水体排放剧毒废液或者含放射性物质的废水；

（七）通过雨水管道、暗管违法排放水污染物；

（八）通过渗井、渗坑、灌注等方式违法向地下排放水污染物。

第二十九条　人工回灌补给地下水的，不得恶化地下水水质。

进行地下勘探、采矿、工程降排水、地下空间的开发利用、建设垃圾填埋场等可能干扰地下含水层的活动，应当采取防护性措施，防止污染地下水。

第三十条　船舶排放含油污水、生活污水应当符合船舶污染物排放标准。

船舶的残油、废油应当回收，禁止排入水体。

禁止向水体倾倒船舶垃圾。

第三十一条　海事管理机构按照职责分工对所辖区内船舶污染水体的防治实施监督管理。

第三十二条　公民、法人和其他组织对水污染违法行为有权进行举报。对查证属实的，按照有关规定给予奖励。

公民、法人和其他组织发现市和区县人民政府、环境保护行政主管部门和其他有关部门不依法履行水环境保护相关监督管理职责的，有权向其上级机关或者监察机关举报。

接受举报的机关应当对举报人的相关信息予以保密，保护举报人的合法权益。

第三十三条　公民、法人和其他组织应当自觉履行水环境保护义务，树立节约用水、保护水源人人有责的观念，提高水重复利用率，减少污水排放。

第三章　饮用水水源保护

第三十四条　本市实行饮用水水源保护区制度。饮用水水源保护区分为一级保护区和二级保护区，必要时在二级保护区外围划定一定区域作为准保护区。

饮用水水源保护区的划定，由有关区县人民政府按照国家有关规定提出划定方案，报市人民政府批准后向社会公布。

第三十五条　饮用水水源保护区所在区县人民政府应当加强饮用水水源地隔离防护设施建设。在饮用水水源一级保护区的边界设立明确的护栏围网和明显的警示标志；在饮用水水源二级保护区和准保护区的边界设立明显的地理界标和警示标志。

禁止损毁、擅自移动前款规定的地理界标、护栏围网和警示标志。

第三十六条　饮用水水源一级保护区内禁止下列行为：

（一）新建、改建、扩建与供水和保护水源无关的建设项目；

（二）排放污水、工业废水；

（三）堆放、存贮工业废渣、固体废弃物和其他污染物；

（四）饲养畜禽、水产养殖和擅自放生水生生物；

（五）使用炸鱼、毒鱼、电鱼的方法以及使用机动船只进行水产捕捞；

（六）组织或者进行游泳、垂钓、水上体育或者其他可能污染饮用水水源的活动；

（七）开办旅游观光、游船游览等活动；

（八）乱砍滥伐树木，破坏植被，采砂、取土等。

已建成的与供水和保护水源无关的建设项目、公园、旅游景区，由区县人民政府责令拆除或者关闭。

第三十七条　饮用水水源二级保护区内禁止下列行为：

（一）新建、改建、扩建排放污染物的建设项目，新建存贮液体化学原料、油类或者其他含有毒污染物物质的工程设施；

（二）向城镇污水管网以外排放污水、工业废水；

（三）堆放、存贮工业废渣、固体废弃物和其他污染物；

（四）乱砍滥伐树木，破坏植被，擅自采砂、取土等。

已建成的排放污染物的建设项目和存贮液体化学原料、油类或者其他含有毒污染物物质的工程设施，由区县人民政府责令拆除或者关闭。

第三十八条　饮用水水源准保护区内禁止下列行为：

（一）新建、扩建向水体排放污染物的建设项目，改建建设项目增加排污量的；

（二）乱砍滥伐树木，破坏植被，擅自采砂、取土等。

第四章 工业水污染防治

第三十九条 市和区县人民政府应当合理规划工业布局，促进工业企业实行清洁生产，节约用水，减少水污染物排放量。

第四十条 市发展改革行政主管部门应当会同有关部门，严格执行国家有关产业结构调整的规定和准入标准，禁止新建、扩建严重污染水环境的工业项目。

市工业和信息化行政主管部门应当会同有关部门，严格执行国家有关淘汰严重污染水环境的产品、工艺、设备的规定。

第四十一条 本市按照国家有关环境保护、清洁生产和循环经济的要求推动工业园区建设，通过合理规划工业布局，引导工业企业入驻工业园区。

第四十二条 建设工业园区，应当同步配套建设污水集中处理设施，并安装自动在线监控设施。

工业园区未按照规划建设污水集中处理设施或者污水集中处理设施排放不达标的，环境保护行政主管部门暂停审批该工业园区新增水污染物排放总量的建设项目的环境影响评价文件。

第四十三条 本市禁止新建、扩建制浆造纸、制革、染料、农药合成等严重污染水环境的生产项目。

已建成的不符合国家产业政策的小型造纸、制革、印染、染料、炼焦、炼硫、炼砷、炼油、电镀、农药等生产项目，由区县人民政府按照国务院有关规定责令关闭。

第四十四条 工业企业排放工业废水，应当接入城镇污水管网进行污水集中处理，不得非法倾倒、偷排工业废水。

第五章　城镇水污染防治

第四十五条　市和区县人民政府应当加强城镇污水集中处理设施及配套管网的规划、建设，提高城镇污水的处理率。

第四十六条　新城镇建设应当同步规划、设计、建设雨水排放管网与污水排放管网，实行雨水、污水分流。

尚未实现雨污分流的区域，市和区县人民政府应当制定雨污分流改造计划，加快实施雨污分流改造，或者采取截流、调蓄和治理等措施。

第四十七条　任何单位和个人不得向雨水收集口、雨水管道排放或者倾倒污水、污物和垃圾等废弃物。

第四十八条　实施新城镇建设应当按照规划将污水管网接入城镇污水集中处理设施；不能接入的，应当自建污水集中处理设施。

第四十九条　城镇污水集中处理设施的运营单位应当保障处理设施正常运行，确保出水水质达到国家和本市相关排放标准。

已投入运行的污水集中处理设施的出水水质达标率、污水处理率，应当纳入区县水环境保护目标考核体系。

第五十条　城镇用水单位和个人按照国家和本市有关规定缴纳的污水处理费，应当用于城镇污水集中处理设施的建设、运行和污泥处理处置，不得挪作他用。

向城镇污水集中处理设施排放污水缴纳污水处理费的，不再缴纳排污费。

第五十一条　排放下列污水的单位，应当按照相关标准进行预处理后排入城镇污水管网：

（一）医疗卫生机构产生的含病原体的污水；

（二）含难以生物降解的有机污染物的废水；

（三）含高盐的工业废水。

第五十二条　实验室、检验室、化验室产生的有毒有害废液应当按照危险废物管理的有关规定，单独收集并交由专业处理单位处理，不得排入城镇污水管网或者直接排入水体。

第五十三条　城镇排水主管部门应当对污水处理所产生污泥的收集、运输、处理和处置进行监督管理。

第五十四条　城镇污水集中处理设施运营单位或者污泥处理处置单位应当安全处理处置污泥，保证处理处置后的污泥符合国家有关标准，对产生的污泥以及处理处置后的污泥去向、用途、用量等进行跟踪、记录，并向城镇排水主管部门、环境保护行政主管部门报告。

第六章　农业和农村水污染防治

第五十五条　市和区县人民政府应当根据水资源承载力和水污染防治的要求，优化农村产业结构和产业发展布局，强化农业的生态功能。

第五十六条　市和区县人民政府应当按照因地制宜、标本兼治、分期规划、积极推进的原则，编制农村生活污水处理、坑塘治理规划，制定污水处理实施方案。对于未纳入城镇污水管网的村庄，应当采取建设污水处理站或者其他适宜的处理方法，使农村生活污水达标排放。

水库周边、河道两侧等重点区域的村庄，应当建设污水集中处理设施。

第五十七条　本市鼓励种植业采取测土配方施肥、病虫害生物防治、节水灌溉等措施，减少化肥、农药施用量，防止污染水环境。

第五十八条　禁止在农业种植中利用工业废水和城镇污水灌溉，禁止利用有毒有害的污泥做肥料，禁止违反规定使用剧毒、高残留农药。

第五十九条　市和区县人民政府应当支持现有规模化养殖场建设配套的畜禽粪便污水无害化处理设施，实施雨污分流；引导种植和养殖相结合的资源化利用。

新建、改建和扩建的规模化养殖场应当同步建设畜禽粪便污水处理设施。

规模化养殖场应当严格执行国家和本市有关规定，使经过处理的畜禽粪便污水符合农田利用要求或者排放标准。对动物尸体应当按照规定进行无害化处理，禁止向水体丢弃。

第六十条　本市鼓励水产养殖企业和个人使用无污染的渔用饲料、渔药，减少化学药物的使用，采用生物防治方法，防止污染水环境。

水产养殖排水直接排入水体的，应当符合受纳水体水功能区的水环境质量标准。

第七章　水污染事故预防与处置

第六十一条　市和区县人民政府应当制定和完善水污染事故处置应急预案，落实责任主体，明确预警预报与响应程序、应急处置及保障措施等内容，依法及时公布预警信息。

第六十二条　可能发生水污染事故的企业事业单位，应当按照国家和本市有关规定制定应急预案，并建设事故状态下的水污染防治设施，储备应急救援物资，做好应急准备，定期进行演练。

生产、使用、储存危险化学品的企业事业单位，应当在其储存场所建立防渗漏围堰，在厂区修建消防废水、废液的收集装置，采取措施防止在处理安全生产事故过程中产生的可能污染水体的消防废水、废液排入水体。

第六十三条　企业事业单位发生或者可能发生水污染事故时，应当立即启动应急预案，并报告所在区县人民政府或者环境保护行政主管部门。环境保护行政主管部门接到报告后，应当及时采取应急措施并向本级人民政府报告，通报有关部门。

环境保护行政主管部门应当会同水行政主管部门等相关部门及时对水污染事故可能影响的区域进行监测，督促造成事故的企业事业单位妥善处理事故造成的水体污染。

第八章　区域水污染防治协作

第六十四条　本市与北京市、河北省及周边地区建立水污染防治上下游联动协作机制和统一协同的流域水环境管理机制，共同做好流域污染治理和水环境保护。

第六十五条　本市在与北京市、河北省交界地区加强跨界水质断面监测，并将监测数据定期向北京市、河北省通报。

本市与河北省建立区域饮用水水源水质监测、预警、应急处理联动机制，确保饮用水安全。

第六十六条　本市与北京市、河北省及周边地区建立跨行政区域水污染事故应急联动和会商机制，及时沟通事故应对和处理的信息。

第六十七条　本市建立永久性保护生态区域生态补偿机制，对纳入永久性保护生态区域的饮用水水源保护区实行生态补偿。

本市加快建立跨界水环境补偿机制，实行区县之间相互补偿。

第六十八条　本市推动与河北省建立引滦水环境补偿机制，促进水污染治理，保障水环境质量。

第九章　法律责任

第六十九条　违反本条例第十二条、第四十九条第一款规定，企业事业单位和其他生产经营者超过水污染物排放标准或者超过重点水污染物排放总量控制指标排放污染物的，由环境保护行政主管部门责令改正，处应缴纳排污费数额 2 倍以上 5 倍以下的罚款；环境保护行政主管部门可以责令其采取限制生产、停产整治等措施；情节严重的，报经有批准权的人民政府批准，责令停业、关闭。

违反本条例规定，企业事业单位和其他生产经营者向城镇污水管网排放污水，水质不符合排水管理规定的，由城镇排水主管部门依照排水管理的有关规定予以处罚。

第七十条　违反本条例第十五条规定，未依法取得排污许可证排放水污染物的，由环境保护行政主管部门责令停止排放，处 10 万元以上 100 万元以下罚款。

第七十一条　违反本条例第十八条规定，环境影响评价文件未经批准，擅自开工建设的，由环境保护行政主管部门责令停止建设，处 5 万元以上 20 万元以下罚款，并可以责令恢复原状。

第七十二条　违反本条例第十九条规定，建设项目的水污染防治设施未经验收或者验收不合格，主体工程即投入生产或者使用的，由环境保护行政主管部门责令停止生产或者使用，直至验收合格，处 5 万元以上 50 万元以下罚款。

第七十三条　违反本条例规定，有下列行为之一的，由环境保护行政主管部门责令改正，处 1 万元以上 10 万元以下罚款：

（一）篡改、伪造监测数据的；

（二）水污染防治设施因异常情况影响处理效果或者停止运行，未按照规定报告的；

（三）重点排污单位不依法公开或者不如实公开环境信息的。

第七十四条　违反本条例规定，有下列行为之一的，由环境保护行政主管部门责令限期改正；逾期不改正的，处 1 万元以上 10 万元以下罚款：

（一）拒报或者谎报有关水污染物排放申报事项的；

（二）未按照规定对所排放的水污染物进行监测或者未保存原始监测记录的；

（三）重点排污单位未按照要求安装、正常运行水污染物排放自动监测设备或者未与环境保护行政主管部门的监控设备联网的。

第七十五条　违反本条例第二十条第一款规定，不正常运行水污染防治设施的，由环境保护行政主管部门责令限期改正，处应缴纳排污费数额 1 倍以上 3 倍以下的罚款。

第七十六条　违反本条例第二十二条规定，未依法设置排污口的，由环境保护行政主管部门责令限期改正，处 2 万元以上 10 万元以下罚款。

违反有关河道管理规定在河道设置排污口的，由水行政主管部门依法给予处罚。

第七十七条　违反本条例第二十八条规定的，由环境保护行政主管部门责令停止违法行为，并按照以下规定处以罚款：

（一）违反第一项规定，清洗车辆、容器的，处 1 万元以上 10 万元以下罚款；

（二）违反第二项、第三项、第四项、第五项规定，排放水污染物、倾倒废弃物或者堆放、存贮污染物的，处 2 万元以上 20 万元以下罚款；

（三）违反第六项、第七项、第八项规定，排放水污染物的，处 5 万元以上 50 万元以下罚款。

在地表水饮用水水源一级保护区和二级保护区内有第二十八条第一项、第三项、第四项行为的，由水行政主管部门依照前款规定实施处罚。

第七十八条　违反本条例第三十条规定，船舶违法排放水污染物的，由海事管理机构责令停止违法行为，处 5 000 元以上 5 万元以下罚款。

第七十九条　违反本条例第三十六条第一项、第三十七条第一项、第三十八条第一项规定，进行违法建设的，由环境保护行政主管部门责令停止违法行为，处 10 万元以上 50 万元以下罚款；报经有批准权的人民政府批准，责令拆除或者关闭。

第八十条　违反本条例第三十六条第二项、第三十七条第二项规定，排放污水、工业废水的，由环境保护行政主管部门责令停止违法行为，处 3 万元以上 30 万元以下罚款。

第八十一条　违反本条例规定，有下列行为之一的，由水行政主管部门责令停止违法行为，恢复原状，没收违法物品和工具，对单位处 2 万元以上 10 万元以下罚款，对个人处 1 000 元以上 1 万元以下罚款：

（一）损毁、擅自移动饮用水水源保护区地理界标、护栏围网和警示标志的；

（二）在饮用水水源一级保护区和二级保护区内堆放、存贮工业废渣、固体废弃物和其他污染物的；

（三）在饮用水水源一级保护区内饲养畜禽、水产养殖和擅自放生水生生物的；

（四）在饮用水水源一级保护区内使用炸鱼、毒鱼、电鱼的方法以及使用机动船只进行水产捕捞的；

（五）在饮用水水源一级保护区内组织游泳、垂钓、水上体育或者其他可能污染饮用水水源的活动的；

（六）在饮用水水源一级保护区内开办旅游观光、游船游览等活动的。

前款第二项涉及地下水饮用水水源保护区的，由环境保护行政主管部门实施处罚。

个人在饮用水水源一级保护区内游泳、垂钓、进行水上体育活动的，由水行政主管部门责令停止违法行为，可以处 500 元以下罚款。

第八十二条　违反本条例第四十四条规定，非法倾倒、偷排工业废水的，由环境保护行政主管部门责令停止违法行为，处 1 万元以上 10 万元以下罚款。

第八十三条　违反本条例第四十七条规定，向雨水收集口、雨水管道排放或者倾倒污水、污物和垃圾等废弃物的，由城镇排水主管部门依照排水管理的有关规定予以处罚。

第八十四条　违反本条例第五十一条规定，未对排放的水污染物进行预处理的，由环境保护行政主管部门责令改正，处 1 万元以上 10 万元以下罚款。

第八十五条　违反本条例第五十二条规定，未将有毒有害废液单独收集并交由专业处理单位处理的，由环境保护行政主管部门责令改正，处 1 万元以上 10 万元以下罚款。

第八十六条　违反本条例第五十四条规定，城镇污水集中处理设施运营单位或者污泥处理处置单位违法处理处置污泥的，由城镇排水主管部门依照排水管理的有关规定予以处罚。

第八十七条　违反本条例第五十八条规定，在农业种植中利用工业废水和城镇污水灌溉、利用有毒有害污泥做肥料的，由农业行政主管部门责令停止违法行为，对单位处 1 万元以上 5 万元以下罚款，对个人处 1 000 元以上 5 000 元以下罚款。

在农业种植中违反规定使用剧毒、高残留农药的，由农业行政主管部门责令停止违法行为、采取措施消除危害；情节严重的，处 5 000 元以上 3 万元以下罚款。

第八十八条　违反本条例第五十九条第二款规定，未建设畜禽粪便污水处理设施或者未经验收合格，规模化养殖场即投入生产、使用的，由环境保护行政主管部门责令停止生产或者使用，可以处 10 万元以下罚款。

第八十九条　企业事业单位和其他生产经营者有下列行为之一，受到罚款处罚，被责令改正，拒不改正的，依法作出处罚决定的行政主管部门可以自责令改正之日的次日起，按照原处罚数额按日连续处罚：

（一）未依法取得排污许可证排放水污染物的；

（二）超过国家或者地方规定的污染物排放标准，或者超过重点污染物排放总量控制指标排放水污染物的；

（三）通过雨水管道、暗管、渗井、渗坑、灌注或者篡改、伪造监测数据，或者不正常运行水污染防治设施等逃避监管的方式排放水污染物的；

（四）排放法律、法规规定禁止排放的水污染物的。

第九十条　对处以按日连续处罚的企业事业单位和其他生产经营者，自决定按日连续处罚之日起 7 日内，由环境保护行政主管部门或者作出行政处罚决定的行政主管部门约谈其主要负责人，并向社会公开约谈情况、整改措施及结果。

第九十一条 企业事业单位和其他生产经营者违反本条例规定，有下列行为之一，尚不构成犯罪的，除按照有关法律、法规规定予以处罚外，由环境保护行政主管部门将案件移送公安机关，并由公安机关对其直接负责的主管人员和其他直接责任人员依照环境保护法的规定处以拘留：

（一）建设项目未依法进行环境影响评价，被责令停止建设，拒不执行的；

（二）未依法取得排污许可证排放水污染物，被责令停止排污，拒不执行的；

（三）通过雨水管道、暗管、渗井、渗坑、灌注或者篡改、伪造监测数据，或者不正常运行水污染防治设施等逃避监管的方式排放水污染物的。

第九十二条 单位和个人实施违反本条例规定的行为，依据刑法构成犯罪的，依法追究刑事责任。

第九十三条 环境保护行政主管部门和其他负有水环境保护监督管理职责的部门在水污染防治工作中，有下列行为之一的，对直接负责的主管人员和其他直接责任人员依法给予行政处分，构成犯罪的，依法追究刑事责任：

（一）违法作出行政许可决定的；

（二）接到对污染水环境行为的举报或者其他部门移送违法案件，不依法查处或者泄露举报人信息的；

（三）违反规定不公开水环境相关信息的；

（四）将征收的排污费截留、挤占或者挪作他用的；

（五）有滥用职权、玩忽职守、徇私舞弊的其他行为的。

第九十四条　造成水污染的企业事业单位应当承担水环境修复责任，对受到损失的单位或者个人依法予以赔偿。

第九十五条　本章规定按照应缴纳排污费倍数处以罚款的，以年应缴纳排污费数额计算。

第十章　附　　则

第九十六条　本条例所称污水集中处理设施，是指收集、接纳、输送、处理、处置及利用城市污水的设施的总称，包括城镇污水处理厂、工业园区污水处理厂和农村污水处理站等。

第九十七条　本条例所称水功能区，是指根据流域或者区域水资源的自然属性和社会属性，依据其水域具有某种应用功能和作用，由市人民政府批准划定的饮用水源、工业用水、农业用水、景观娱乐用水等水功能区。

第九十八条　本条例自 2016 年 3 月 1 日起施行。2002 年 4 月 18 日天津市第十三届人民代表大会常务委员会第三十二次会议通过、2010 年 9 月 25 日天津市第十五届人民代表大会常务委员会第十九次会议修正的《天津市引滦水源污染防治管理条例》，2004 年 1 月 7 日天津市人民政府公布、2004 年 6 月 21 日修正的《天津市水污染防治管理办法》(2004 年天津市人民政府令第 67 号) 同时废止。

附录三
历年世界水日和中国水周主题

世界水日主题（1994 年）：关心水资源人人有责 (Caring for Our Water Resources Is Everyone's Business)

世界水日主题（1995 年）：女性和水 (Women and Water)

世界水日主题（1996 年）：解决城市用水之急 (Water for Thirsty Cities)

中国水周宣传主题（1996 年）：依法治水，科学管水，强化节水

世界水日主题（1997 年）：世界上的水够用吗？(The World's Water: Is There Enough?)

中国水周宣传主题（1997 年）：水与发展

世界水日主题（1998 年）：地下水——无形的资源 (Groundwater——the Invisible Resource)

中国水周宣传主题（1998 年）：依法治水——促进水资源可持续利用

世界水日主题（1999 年）：人类永远生活在缺水状态之中 (Everyone Lives Downstream)

中国水周宣传主题（1999 年）：江河治理是防洪之本

世界水日主题（2000 年）：21 世纪的水 (Water for the 21st Century)

中国水周宣传主题（2000 年）：加强节约和保护，实现

水资源的可持续利用

世界水日主题（2001 年）：水与健康 (Water and Health)

中国水周宣传主题（2001 年）：建设节水型社会，实现可持续发展

世界水日主题（2002 年）：水为发展服务 (Water for Development)

中国水周宣传主题（2002 年）：以水资源的可持续利用支持经济社会的可持续发展

世界水日主题（2003 年）：未来之水 (Water for the Future——旨在号召每个人都参与保持和提高淡水资源的数量和品质，为后代提供更好的水资源环境)

中国水周宣传主题（2003 年）：依法治水，实现水资源可持续利用

世界水日主题（2004 年）：水与灾难 (Water and Disasters)

中国水周宣传主题（2004 年）：人水和谐

世界水日主题（2005 年）：生命之水 (water for life)

中国水周宣传主题（2005 年）：保障饮水安全，维护生命健康

世界水日主题（2006 年）：水与文化 (water and culture)

中国水周宣传主题（2006 年）：转变用水观念，创新发展模式

世界水日主题（2007 年）：应对水短缺（coping with water scarcity ）

中国水周宣传主题（2007年）：水利发展与和谐社会

世界水日主题（2008年）：涉水卫生（water sanitation）

中国水周宣传主题（2008年）：发展水利，改善民生

世界水日主题（2009年）：跨界水——共享的水、共享的机遇 (Transboundary water——the water-sharing, sharing opportunities)

中国水周宣传主题（2009年）：落实科学发展观，节约保护水资源

世界水日主题（2010年）：关注水质、抓住机遇、应对挑战（Communicating Water Quality Challenges and Opportunities）

中国水周宣传主题（2010年）：严格水资源管理，保障可持续发展

世界水日主题（2011年）：城市用水：应对都市化挑战（Water for cities: responding to the urban challenge）。

中国水周宣传主题（2011年）：严格管理水资源，推进水利新跨越

世界水日主题（2012年）：水与粮食安全（Water and Food Security）

中国水周宣传主题（2012年）：大力加强农田水利，保障国家粮食安全

世界水日主题（2013年）：水合作（WaterCooperation）

中国水周宣传主题（2013年）：节约保护水资源，大力建设生态文明

世界水日主题（2014年）：水与能源（Water and Energy）

中国水周宣传主题（2014年）：加强河湖管理，建设水生态文明

世界水日主题（2015年）：水与可持续发展（Water and Sustainable Development）

中国水周宣传主题（2015年）：节约水资源，保障水安全

世界水日主题（2016年）：水与就业 (Water and Jobs)

中国水周宣传主题（2016年）：落实五大发展理念，推进最严格水资源管理